中文版
Dreamweaver CC 2018
基础培训教程

数字艺术教育研究室 编著

U0377707

人民邮电出版社
北 京

图书在版编目（ＣＩＰ）数据

中文版Dreamweaver CC 2018基础培训教程 / 数字艺
术教育研究室编著. -- 北京 ：人民邮电出版社，2020.6（2022.3重印）
ISBN 978-7-115-52967-1

Ⅰ．①中… Ⅱ．①数… Ⅲ．①网页制作工具－教材
Ⅳ．①TP393.092.2

中国版本图书馆CIP数据核字(2020)第042612号

内 容 提 要

本书全面系统地介绍了 Dreamweaver CC 2018 的基本操作方法和网页设计、制作技巧，包括初识
Dreamweaver CC 2018、文本、多媒体、超链接、表格、ASP、CSS 样式、模板和库、表单、行为、网
页代码、商业案例实训等内容。

本书第 2 ～ 11 章均以课堂案例为主线，通过对各案例实际操作的讲解，读者可以快速上手，熟
悉软件功能和网页设计思路。书中的软件功能解析部分可以使读者了解软件功能；课堂练习和课后习
题可以拓展读者的实际应用能力，使读者掌握软件使用技巧；商业案例实训可以帮助读者快速掌握商
业网页的设计理念和设计方法，使读者顺利达到实战水平。

本书附带学习资源，内容包括书中所有案例的素材、效果文件以及在线视频，读者可通过在线方
式获取这些资源，具体方法请参看本书前言。

本书适合作为院校和培训机构艺术专业课程的教材，也可作为 Dreamweaver CC 2018 自学人士的
参考用书。

◆ 编　　著　数字艺术教育研究室
责任编辑　张丹丹
责任印制　马振武

◆ 人民邮电出版社出版发行　　北京市丰台区成寿寺路 11 号
邮编　100164　电子邮件　315@ptpress.com.cn
网址　https://www.ptpress.com.cn
涿州市京南印刷厂印刷

◆ 开本：787×1092　1/16
印张：18.75　　　　　　　　2020 年 6 月第 1 版
字数：500 千字　　　　　　2022 年 3 月河北第 3 次印刷

定价：59.90 元

读者服务热线：(010)81055410　印装质量热线：(010)81055316
反盗版热线：(010)81055315
广告经营许可证：京东市监广登字 20170147 号

前　言

　　Dreamweaver CC 2018 是 Adobe 公司开发的网页设计与制作软件，它功能强大，易学易用，深受网页制作爱好者和网页设计师的喜爱。目前，我国很多院校和培训机构的艺术专业都将 Dreamweaver 作为一门重要的专业课程。为了帮助院校和培训机构的教师比较全面、系统地讲授这门课程，也为了帮助读者熟练地使用 Dreamweaver 进行网页设计，数字艺术教育研究室组织在院校从事 Dreamweaver 教学的教师和网页设计公司经验丰富的设计师共同编写了本书。

　　我们对本书的编写体例做了精心的设计，按照"课堂案例—软件功能解析—课堂练习—课后习题"这一思路对内容进行编排，力求通过课堂案例演练使读者快速熟悉软件功能和网页设计思路，通过软件功能解析使读者了解软件功能和特色，通过课堂练习和课后习题拓展读者的实际应用能力。在内容编写方面，力求通俗易懂、细致全面；在文字叙述方面，力求言简意赅、突出重点；在案例选取方面，强调案例的针对性和实用性。

　　本书附带学习资源，内容包括书中所有案例的素材及效果文件。读者在学习时，可以调用这些资源进行深入练习。这些学习资源文件均可在线获取，扫描"资源获取"二维码，关注"数艺设"的微信公众号，即可得到资源文件获取方式，并且可以通过该方式获得在线视频的观看地址。另外，购买本书作为授课教材的教师也可以通过该方式获得教师专享资源，其中包括教学大纲、电子教案、PPT 课件，以及课堂案例、课堂练习和课后习题的教学视频等相关教学资源包。如需资源获取技术支持，请致函 szys@ptpress.com.cn。本书的参考学时为 68 学时，其中实训环节为 26 学时，各章的参考学时可以参见下面的学时分配表。

章	课 程 内 容	学 时 分 配	
		讲　授	实　训
第 1 章	初识 Dreamweaver CC 2018	2	1
第 2 章	文本	2	1
第 3 章	多媒体	2	2
第 4 章	超链接	2	2
第 5 章	表格	3	2
第 6 章	ASP	3	1
第 7 章	CSS 样式	6	3
第 8 章	模板和库	4	1
第 9 章	表单	6	3
第 10 章	行为	4	2
第 11 章	网页代码	2	2
第 12 章	商业案例实训	6	6
学 时 总 计		42	26

　　由于时间仓促，编者水平有限，书中难免存在不足之处，敬请广大读者批评指正。

编　者

2019 年 11 月

资源与支持

本书由"数艺设"出品，"数艺设"社区平台（www.shuyishe.com）为您提供后续服务。

学习资源

所有案例的素材、效果文件和在线视频

教师专享资源

教学大纲
电子教案
PPT 课件
教学视频

资源获取请扫码

"数艺设"社区平台，为艺术设计从业者提供专业的教育产品。

与我们联系

我们的联系邮箱是 szys@ptpress.com.cn。如果您对本书有任何疑问或建议，请您发邮件给我们，并请在邮件标题中注明本书书名及 ISBN，以便我们更高效地做出反馈。

如果您有兴趣出版图书、录制教学课程，或者参与技术审校等工作，可以发邮件给我们；有意出版图书的作者也可以到"数艺设"社区平台在线投稿（直接访问 www.shuyishe.com 即可）。如果学校、培训机构或企业想批量购买本书或"数艺设"出版的其他图书，也可以发邮件给我们。

如果您在网上发现针对"数艺设"出品图书的各种形式的盗版行为，包括对图书全部或部分内容的非授权传播，请您将怀疑有侵权行为的链接通过邮件发给我们。您的这一举动是对作者权益的保护，也是我们持续为您提供有价值的内容的动力之源。

关于"数艺设"

人民邮电出版社有限公司旗下品牌"数艺设"，专注于专业艺术设计类图书出版，为艺术设计从业者提供专业的图书、U 书、课程等教育产品。出版领域涉及平面、三维、影视、摄影与后期等数字艺术门类，字体设计、品牌设计、色彩设计等设计理论与应用门类，UI 设计、电商设计、新媒体设计、游戏设计、交互设计、原型设计等互联网设计门类，环艺设计手绘、插画设计手绘、工业设计手绘等设计手绘门类。更多服务请访问"数艺设"社区平台 www.shuyishe.com。我们将提供及时、准确、专业的学习服务。

目 录

1

第1章

初识Dreamweaver CC 2018

本章介绍

网页是网站最基本的组成部分，网页并不是杂乱无章的，它们通过各种链接相互关联，从而描述相关的主题或实现相同的目的。本章将讲述网站的建设基础，包括 Dreamweaver CC 2018 的工作界面、网站框架的创建、管理站点的方式和网页文件头的设置。

学习目标

- 了解 Dreamweaver CC 2018 的工作界面
- 掌握站点管理器的使用、文件夹的创建、新站点的定义、网页的创建和保存
- 掌握站点的打开、编辑、复制、删除、导出和导入方法
- 掌握关键字、作者和版权信息、刷新时间间隔、描述信息等文件头的设置

技能目标

- 熟练掌握站点管理器的使用
- 熟练掌握站点的应用和编辑
- 熟练掌握文件头的设置

1.1 Dreamweaver CC 2018 的工作界面

Dreamweaver CC 2018 的工作区将多个文档集中到一个窗口中，不仅降低了系统资源的占用率，还使用户可以更加方便地操作文档。Dreamweaver CC 2018 的工作窗口由 6 个部分组成，分别是菜单栏、"插入"面板、"通用"工具栏、文档窗口、面板组和"属性"面板。Dreamweaver CC 2018 的操作环境简洁明快，可大大提高设计效率。

1.1.1 友善的开始页面

启动 Dreamweaver CC 2018 后，首先看到的画面就是开始页面，供用户选择新建文件或打开已有的文档等，如图 1-1 所示。

图 1-1

老用户可能不太习惯开始页面，可选择"编辑 > 首选项"命令，或按 Ctrl+U 组合键，弹出"首选项"对话框，取消勾选"显示开始屏幕"复选框，如图 1-2 所示。单击"应用"按钮完成设置，单击"关闭"按钮关闭对话框。当用户再次启动 Dreamweaver CC 2018 时，将不再显示开始页面。

1.1.2 不同风格的界面

Dreamweaver CC 2018 的操作界面新颖淡雅，布局紧凑，为用户提供了一个轻松、愉悦的开发环境。

若用户想修改操作界面的风格，切换到自己熟悉的开发环境，可选择"窗口 > 工作区布局"命令，弹出相应的子菜单，如图 1-3 所示，在子菜单中选择"开发人员"或"标准"命令。选择其中一种界面风格，界面会发生相应的改变。

图 1-2

1.1.3 伸缩自如的功能面板

图 1-3

在功能面板的右上方单击 ▸▸ 按钮，可以隐藏功能面板，如图 1-4 所示。隐藏功能面板后，单击 ◂◂ 按钮，可以展开功能面板。

如果用户觉得工作区不够大，可以将鼠标指针放在文档编辑窗口右侧与功能面板交界的框线处，当鼠标指针呈双向箭头形状时拖曳鼠标，可调整工作区的大小，如图 1-5 所示。若用户需要更大的工作区，可以将功能面板隐藏。

图 1-4

图 1-5

1.1.4 多文档的编辑界面

Dreamweaver CC 2018 提供了多文档的编辑界面，可以将多个文档整合在一起，方便用户在各个文档之间切换，如图 1-6 所示。用户可以单击文档编辑窗口上方的选项卡，切换到相应的文档。通过多文档的编辑界面，用户可以在多个文档之间切换并编辑。

1.1.5 新颖的"插入"面板

Dreamweaver CC 2018 的"插入"面板可放在菜单栏的下方，如图 1-7 所示。

图 1-6

图 1-7

　　"插入"面板包括"HTML""表单""模板""Bootstrap 组件""jQuery Mobile""jQuery UI""收藏夹"7 个选项卡，将不同功能的按钮分门别类地放在不同的选项卡中。在 Dreamweaver CC 2018 中，"插入"面板可用菜单和选项卡两种样式显示。如果需要菜单样式，可用鼠标右键单击"插入"面板的选项卡，在弹出的菜单中选择"显示为菜单"命令，如图 1-8 所示，更改后的效果如图 1-9 所示。用户如果需要选项卡样式，可单击"HTML"选项右侧的 ﹀ 按钮，在下拉菜单中选择"显示为制表符"命令，如图 1-10 所示，更改后的效果如图 1-11 所示。

图 1-8

图 1-9

图 1-10

图 1-11

　　"插入"面板将一些功能相关的按钮组合成了菜单，当按钮右侧有黑色倒三角符号时，表示其为展开式按钮，如图 1-12 所示。

图 1-12

1.1.6　更完整的 CSS 功能

传统的 HTML 所提供的样式及排版功能非常有限，因此，现在复杂的网页版面主要靠 CSS 样式来实现。而 CSS 样式的功能较多，语法比较复杂，需要一个很好的工具软件有条不紊地整理复杂的 CSS 源代码，并适时地提供辅助说明。Dreamweaver CC 2018 就提供了这样方便有效的 CSS 功能。

"属性"面板提供了 CSS 功能。用户可以通过"属性"面板中的"目标规则"下拉列表为所选的对象应用样式或创建和编辑样式，如图 1-13 所示。若某些文字应用了自定义样式，当用户调整这些文字的属性时，会自动生成新的 CSS 样式。

图 1-13

"页面属性"按钮也提供了 CSS 功能。单击"属性"面板中的"页面属性"按钮，弹出"页面属性"对话框，如图 1-14 所示。用户可以在左侧的"分类"列表中选择"链接（CSS）"选项，在右侧的"下划线样式"下拉列表中设置超链接的样式，这个设置会自动转化成 CSS 样式，如图 1-15 所示。

图 1-14

图 1-15

Dreamweaver CC 2018 提供了"CSS 设计器"面板，如图 1-16 所示。"CSS 设计器"面板使用户能够轻松查看规则的属性设置，并可快速修改嵌入当前文档或通过附加的样式表链接的 CSS 样式。可编辑的网格使用户可以更改显示的属性值。对选择的对象所做的更改都将立即应用，这使用户可以在操作的同时预览效果。

1.2　创建网站框架

所谓站点，可以看作一系列文档的组合，这些文档通过各种链接建立逻辑关联。用户在建立网站前必须要建立站点，修改某网页内容时，也必须打开站点，然后修改站点内的网页。在 Dreamweaver CC 2018 中，站点

图 1-16

一词是下列任意一项的简称。

Web 站点：从访问者的角度来看，Web 站点是一组位于服务器上的网页，使用 Web 浏览器访问该站点的访问者可以对其进行浏览。

远程站点：从创作者的角度来看，远程站点是远程站点服务器上组成 Web 站点的文件。

本地站点：与远程站点上的文件对应的本地磁盘上的文件。通常，先在本地磁盘上编辑文件，然后将它们上传到远程站点的服务器上。

Dreamweaver CC 2018 站点定义：本地站点的一组定义特性，以及有关本地站点和远程站点对应方式的信息。

在做任何工作之前都应该制订工作计划并画出工作流程图，建立网站也是如此。在动手建立站点之前，需要先调查研究，记录客户所需的服务，然后以此规划出网站的功能结构图（即设计草图）及其设计风格以体现站点的主题。另外，还要规划站点导航系统，避免浏览者在网页上迷失方向，找不到要浏览的内容。

1.2.1　站点管理器

站点管理器的主要功能包括新建站点、编辑站点、复制站点、删除站点以及导入和导出站点。若要管理站点，必须打开"管理站点"对话框。

打开"管理站点"对话框有以下几种方法。

（1）选择"站点 > 管理站点"命令。

（2）选择"窗口 > 文件"命令，弹出"文件"面板，如图 1-17 所示。单击"桌面"选项，在弹出的下拉列表中选择"管理站点"命令，如图 1-18 所示。

图 1-17　　　　　　　图 1-18

"管理站点"对话框如图 1-19 所示。在"管理站点"对话框中，通过"新建站点"按钮、"编辑当前选定的站点"按钮 ✎、"复制当前选定的站点"按钮 ▢ 和"删除当前选定的站点"按钮 ▬，可以新建一个站点、修改选择的站点、复制选择的站点、删除选择的站点。通过对话框的"导出当前选定的站点"按钮 ▤ 和"导入站点"按钮，用户可以将站点导出为 STE 文件，也可以将其他站点的 STE 文件导入 Dreamweaver CC 2018。这样，用户就可以在不同的计算机和不同版本的 Dreamweaver 软件之间移动站点，或者与其他用户共享。

在"管理站点"对话框中选择一个具体的站点，然后单击"完成"按钮，"文件"面板中就会出现站点的缩略图。

1.2.2　定义新站点

在 Dreamweaver CC 2018 中，站点通常包含两部分，即本地站点和远程站点。本地站点是本地计算机上的一组文件，远程站点是远程 Web 服

图 1-19

务器上的一个位置。用户将本地站点中的文件发布到网络上的远程站点上，使公众可以访问它们。在 Dreamweaver CC 2018 中创建 Web 站点时，通常先在本地磁盘上创建本地站点，然后创建远程站点，再将这些网页的副本上传到一个远程 Web 服务器上，使公众可以访问它们。本节只介绍如何创建本地站点。

创建本地站点的步骤如下。

（1）选择"站点 > 管理站点"命令，弹出"管理站点"对话框。

（2）在对话框中单击"新建站点"按钮，弹出"站点设置对象"对话框，在左侧选择"站点"选项，设置站点名称，并指定站点文件夹，如图 1-20 所示；展开"高级设置"选项，选择"本地信息"选项，根据需要设置站点，如图 1-21 所示。

图 1-20   图 1-21

"本地信息"选项各项参数的作用如下。

"默认图像文件夹"选项：在文本框中输入此站点默认图像文件夹的路径，或者单击"浏览文件夹"按钮，在弹出的"选择图像文件夹"对话框中选择默认图像文件夹。在将非站点图像添加到网页中时，图像会被自动添加到当前站点的默认图像文件夹中。

"链接相对于"选项组：选择"文档"选项，表示使用文档相对路径来链接；选择"站点根目录"选项，表示使用站点根目录相对路径来链接。

"Web URL"选项：在文本框中输入创建的站点将使用的 URL。

"区分大小写的链接检查"选项：选择此复选框，则对要区分大小写的链接进行检查。

"启用缓存"选项：指定是否创建本地缓存以提高链接和执行站点管理任务的速度。若选择此复选框，则创建本地缓存。

1.2.3　创建子文件夹

建立站点后，可在"文件"面板中创建子文件夹。

新建子文件夹的具体操作步骤如下。

（1）在"文件"面板中选择站点。

（2）通过以下几种方法新建子文件夹。

① 单击面板右上方的菜单按钮 ▤，在弹出的菜单中选择"文件 > 新建文件夹"命令。

② 用鼠标右键单击站点，在弹出的菜单中选择"新建文件夹"命令。

（3）输入新子文件夹的名称。

一般情况下，若站点不复杂，可直接将网页存放在站点的根目录下，并在站点根目录中按照资源的种类建立不同的子文件夹来存放不同的资源。例如，用"image"子文件夹存放站点中的图像文件，用"media"子文件夹存放站点的多媒体文件等。若站点复杂，需要根据板块要实现的功能，在站点根目录中按板块创建子文件夹来存放不同的网页，这样可以方便网站设计者修改网站。

1.2.4　创建和保存网页

创建站点后，用户需要创建网页来组织要展示的内容。合理的网页名称非常重要，一般网页文件的名称应容易理解，能反映网页的内容。

在网站中有一个特殊的网页，这个网页就是首页，每个网站必须有一个首页。每当访问者在浏览器的地址栏中输入网站地址时，会自动打开网站的首页，如在浏览器的地址栏中输入"www.ptpress.com.cn"时会自动打开人民邮电出版社网站的首页。一般情况下，首页的文件名为index.htm、index.html、index.asp、default.asp、default.htm 或 default.html。

在标准的 Dreamweaver CC 2018 环境下，建立和保存网页的操作步骤如下。

（1）选择"文件 > 新建"命令，或按 Ctrl+N 组合键，弹出"新建文档"对话框，选择"新建文档"选项，在"文档类型"列表中选择"HTML"选项，在"框架"选项框中选择"无"选项卡，各选项的设置如图 1-22 所示。

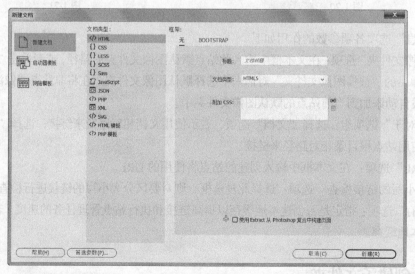

图 1-22

（2）设置完成后，单击"创建"按钮，弹出文档窗口，新文档在该窗口中打开，如图 1-23 所示。根据需要，在文档窗口中选择不同的视图模式来设计网页。

文档窗口有 3 种视图模式，这 3 种视图模式的作用如下。

"代码"视图：对于有编程经验的网页设计师而言，可在"代码"视图中查看、修改和编写网页代码，以实现特殊的网页效果。"代码"视图的效果如图 1-24 所示。

图 1-23

图 1-24

"设计"视图：以所见即所得的方式显示所有网页元素。"设计"视图的效果如图 1-25 所示。

"拆分"视图：将文档窗口分为上、下两部分，下方是代码窗格，显示代码；上方是设计窗格，显示网页元素及其在页面中的分布。在此视图中，网页设计者可以通过在设计窗格中单击网页元素的方式，快速定位到要修改的网页元素代码，并进行代码的修改，或在"属性"面板中修改网页元素的属性。"拆分"视图的效果如图 1-26 所示。

图 1-25

图 1-26

（3）网页设计完成后，选择"文件 > 保存"命令，弹出"另存为"对话框，在"文件名"文本框中输入网页的名称，如图 1-27 所示，设置文档保存路径为站点文件夹，单击"保存"按钮即可。

1.3　管理站点

在建立站点后，可以对站点进行打开、编辑、复制、删除、导出、导入等操作。

图 1-27

1.3.1　打开站点

当要修改某个网站的内容时，首先要打开站点。打开站点就是在各站点间切换。打开站点的具体操作步骤如下。

（1）启动 Dreamweaver CC 2018。

（2）选择"窗口 > 文件"命令，或按 F8 键，弹出"文件"面板，在其中选择要打开的站点，即可打开站点，如图 1-28 和图 1-29 所示。

图 1-28　　　　　　　　　图 1-29

1.3.2　编辑站点

有时用户需要修改站点的一些设置，此时需要编辑站点。例如，要修改站点的默认图像文件夹的路径，具体的操作步骤如下。

（1）选择"站点 > 管理站点"命令，弹出"管理站点"对话框。

（2）在对话框中选择要编辑的站点，单击"编辑当前选定的站点"按钮，在弹出的对话框中展开"高级设置"选项，如图 1-30 所示，此时可根据需要进行修改。单击"保存"按钮完成设置，回到"管理站点"对话框。

（3）如果不需要修改其他站点，可单击"完成"按钮关闭"管理站点"对话框。

1.3.3　复制站点

复制站点可省去重复建立多个结构相同站点的操作步骤，可以提高用户的工作效率。在"管理站点"对话框中可以复制站点，具体操作步骤如下。

图 1-30

（1）在"管理站点"对话框左下方的按钮组中单击"复制当前选定的站点"按钮进行复制。

（2）双击新复制的站点，弹出"站点设置对象"对话框，在"站点名称"文本框中可以更改新站点的名称。

1.3.4　删除站点

删除站点只是删除 Dreamweaver CC 2018 同本地站点的关联，而本地站点包含的文件和文件夹仍然保存在磁盘原来的位置。换句话说，删除站点后，虽然站点文件夹保存在计算机中，但在 Dreamweaver CC 2018 中已经不存在此站点。

在"管理站点"对话框左下方的按钮组中单击"删除当前选定的站点"按钮，即可删除所选站点。

1.3.5　导出和导入站点

如果在计算机之间移动站点，或者与其他用户共同设计站点，可通过 Dreamweaver CC 2018 的导出和导入站点功能实现。导出站点功能是将站点导出为 STE 格式的文件，然后在其他计算机上将其导入 Dreamweaver CC 2018。

1．导出站点

（1）选择"站点 > 管理站点"命令，弹出"管理站点"对话框。在对话框中选择要导出的站点，单击"导出当前选定的站点"按钮，弹出"导出站点"对话框。

（2）在该对话框中浏览并选择保存该站点文件的路径，如图 1-31 所示，单击"保存"按钮，即可保存扩展名为".ste"的文件。

（3）单击"完成"按钮，关闭"管理站点"对话框，完成站点的导出。

图 1-31

2．导入站点

导入站点的具体操作步骤如下。

（1）选择"站点 > 管理站点"命令，弹出"管理站点"对话框。

（2）在对话框中单击"导入站点"按钮，弹出"导入站点"对话框，浏览并选定要导入的站点文件，如图 1-32 所示。单击"打开"按钮，站点即被导入，如图 1-33 所示。

图 1-32

图 1-33

（3）单击"完成"按钮，关闭"管理站点"对话框，完成站点的导入。

1.4　网页文件头设置

文件头在网页中是看不到的，它包含在网页中的\<head>和\</head>标签之间，所有包含在这两个标签之间的内容在网页中都是不可见的。文件头标签主要包括 meta、关键字、说明、刷新、基础和链接等。

1.4.1 插入搜索关键字

在万维网上通过搜索引擎查找资料时，搜索引擎自动读取网页中<meta>标签的内容，所以网页中的搜索关键字非常重要，它可以间接地宣传网站，提高访问量。但搜索关键字并不是字数越多越好，因为有些搜索引擎限制索引的关键字或字符的数目，当超过了限制的数目时，它将忽略所有的关键字，所以最好只使用几个精选的关键字。一般情况下，关键字是对网页的主题、内容、风格或作者等内容的概括。

设置网页搜索关键字的具体操作步骤如下。

（1）将文档窗口切换到"代码"视图，将鼠标指针放在<head>和</head>标签之间，选择"插入 > HTML > Keywords"命令，弹出"Keywords"对话框，如图 1-34 所示。

（2）在"关键字"文本框中输入相应的中文或英文关键字，注意关键字间要用半角的逗号分隔。例如，设置关键字为"浏览"，如图 1-35 所示。单击"确定"按钮，完成设置。

图 1-34

图 1-35

此时，观察"代码"视图，发现<head>和</head>标签之间多了如下代码。

```
<meta name="keywords" content="浏览">
```

同样，还可以通过<meta>标签设置搜索关键字，具体操作方法如下。

选择"插入 > HTML > Meta（M）"命令，弹出"META"对话框。在"属性"下拉列表中选择"名称"选项，在"值"文本框中输入"keywords"，在"内容"文本框中输入关键字信息，如图 1-36 所示。设置完成后，单击"确定"按钮，可在"代码"视图中查看相应的 HTML 标签。

图 1-36

1.4.2 插入作者和版权信息

要设置网页的作者和版权信息，可选择"插入 > HTML > Meta（M）"命令，弹出"META"对话框。在"值"文本框中输入"/x.Copyright"，在"内容"文本框中输入作者名称和版权信息，如图 1-37 所示，完成后单击"确定"按钮。

此时，在"代码"视图中的<head>和</head>标签之间可以查看相应的 HTML 标签。

图 1-37

```
<meta name="／x.Copyright" content="作者：鹏">
```

1.4.3 设置刷新时间间隔

要指定载入页面后刷新或者转到其他页面的时间间隔，可设置文件头部的刷新时间间隔项，具体操作步骤如下。

选择"插入 > HTML > Meta（M）"命令，弹出"META"对话框。在"属性"下拉列表中选择"HTTP-equivalent"选项，在"值"文本框中输入"refresh"，在"内容"文本框中输入需要的时间间隔值，如图1-38所示，完成后单击"确定"按钮。

图 1-38

此时，在"代码"视图中的<head>和</head>标签之间可以查看相应的 HTML 标签。

```
<meta http-equiv="refresh" content="60">
```

1.4.4 设置描述信息

搜索引擎也可通过读取<meta> 标签的说明内容来查找信息，但说明信息主要是设计者对网页内容的详细说明，而关键字可以让搜索引擎尽快搜索到网页。设置网页说明信息的具体操作步骤如下。

（1）将文档窗口切换到"代码"视图，将鼠标指针放在<head>和</head>标签之间，选择"插入 > HTML > 说明"命令，弹出"说明"对话框。

（2）在"说明"对话框中设置说明信息。

例如，要在网页中为网站设计者提供"利用 ASP 脚本，按用户需求进行查询"的说明信息，对话框中的设置如图1-39所示。

此时，在"代码"视图中的<head>和</head>标签之间可以查看相应的 HTML 标签。

```
<meta name="description" content="利用 ASP 脚本，按用户需求进行查询">
```

同样，还可以通过<meta>标签实现，具体设置如图1-40所示。

图 1-39

图 1-40

第2章 文本

本章介绍

不管网页内容如何丰富，文本自始至终都是网页中的基本元素。由于文本包含的信息量大，输入、编辑起来方便，并且生成的文件小，容易被浏览器下载，不会占用太多的时间，因此掌握好文本的使用对于制作网页来说是最基本的要求。

学习目标

- 掌握文字的输入、连续空格的输入方法
- 掌握页边距、网页的标题、网页默认格式的设置方法
- 掌握文本的大小、颜色、字体、对齐方式和段落样式等的设置方法
- 掌握项目符号和编号、文本缩进格式的设置，日期的插入，特殊字符和换行符的使用方法
- 掌握水平线、网格和标尺的应用方法

技能目标

- 掌握青山别墅网页的制作方法
- 掌握国画展览馆网页的制作方法
- 掌握海波金融网页的制作方法
- 掌握休闲度假村网页的制作方法

2.1 输入并编辑文本

文本是网页中最基本的元素。它不仅能准确表达网页制作者的思想，还有信息量大、输入与修改方便、生成的文件小、易于浏览与下载等特点。因此，对于网站设计者而言，掌握文本的使用方法非常重要，但是与图像及其他元素相比，文本很难激发浏览者的阅读兴趣，所以用户制作网页时，除了要在文本的内容上多下功夫外，排版也非常重要。在文档中灵活运用丰富的字体、多种段落格式以及令人赏心悦目的文本效果，对于一个专业的网站设计者而言，是必不可少的一项技能。

2.1.1 课堂案例——青山别墅网页

【案例学习目标】使用"页面属性"命令设置页面外观、网页标题等，使用"首选项"命令设置允许输入多个连续空格。

【案例知识要点】使用"页面属性"命令设置页面外观、网页标题，使用"首选项"命令设置允许多个连续空格，如图 2-1 所示。

【效果所在位置】学习资源 > Ch02 > 效果 > 青山别墅网页 > index.html。

1. 设置页面属性

（1）选择"文件 > 打开"命令，在弹出的"打开"对话框中选择本书学习资源中的"Ch02 > 素材 > 青山别墅网页 > index.html"文件，单击"打开"按钮打开文件，如图 2-2 所示。

图 2-1

图 2-2

（2）选择"文件 > 页面属性"命令，弹出"页面属性"对话框，如图 2-3 所示。在左侧的"分类"列表中选择"外观（CSS）"选项，将"页面字体"设为"宋体"，"大小"设为 14 px，"文本颜色"设为白色，"左边距""右边距""上边距""下边距"均设为 0 px，如图 2-4 所示。

图 2-3

图 2-4

（3）在左侧的"分类"列表中选择"标题/编码"选项，在"标题"文本框中输入"青山别墅网页"，如图 2-5 所示。单击"确定"按钮，完成页面属性的修改，效果如图 2-6 所示。

图 2-5

图 2-6

2. 输入空格和文字

（1）选择"编辑 > 首选项"命令，弹出"首选项"对话框，在左侧的"分类"列表中选择"常规"选项，在右侧的"编辑选项"选项组中勾选"允许多个连续的空格"复选框，如图 2-7 所示。单击"应用"按钮完成设置，单击"关闭"按钮关闭对话框。

图 2-7

（2）将光标置入图 2-8 所示的单元格。在光标所在的位置输入文字"首页"，如图 2-9 所示。

图 2-8   图 2-9

（3）按 3 次 Space 键，输入空格，如图 2-10 所示。在光标所在的位置输入文字"关于我们"，如图 2-11 所示。

图 2-10   图 2-11

（4）用相同的方法输入其他文字，如图 2-12 所示。保存文档，按 F12 键预览效果，如图 2-13 所示。

图 2-12　　　　　　　　　　　　　　　　　　　　　　图 2-13

2.1.2　输入文本

应用 Dreamweaver CC 2018 编辑网页时，在文档窗口中光标为默认显示状态。要添加文本，首先应将光标移动到文档窗口中的编辑区域，然后直接输入文本，就像在其他文本编辑器中一样，如图 2-14 所示。

图 2-14

提示　除了直接输入文本外，也可将其他文档中的文本复制，粘贴到当前的文档中。需要注意的是，粘贴文本到 Dreamweaver CC 2018 的文档窗口中时，该文本不会保持原有的格式，但是会保留原来文本的段落格式。

2.1.3　设置文本属性

利用文本属性可以方便地修改选中的文本的字体、字号、样式、对齐方式等，以获得预期的效果。

选择"窗口 > 属性"命令，或按 Ctrl+F3 组合键，弹出"属性"面板，在 HTML 和 CSS 属性面板中都可以设置文本的属性，如图 2-15 和图 2-16 所示。

图 2-15

图 2-16

"属性"面板中各选项的含义如下。

"格式"选项：设置所选文本的段落样式。例如，为段落应用"标题1"段落样式。

"ID"选项：设置所选元素的 ID 名称。

"类"选项：为所选元素添加 CSS 样式。

"链接"选项：为所选元素添加超链接效果。

"目标规则"选项：设置已定义的或引用的 CSS 样式作为文本的样式。

"字体"选项：设置文本的字体组合。

"大小"选项：设置文本的字级。

"文本颜色"按钮：设置文本的颜色。

"粗体"按钮 **B**、"斜体"按钮 *I*：设置文字格式。

"左对齐"按钮、"居中对齐"按钮、"右对齐"按钮、"两端对齐"按钮：设置段落在网页中的对齐方式。

"项目列表"按钮、"编号列表"按钮：设置段落的项目符号或编号。

"删除内缩区块"按钮、"内缩区块"按钮：设置段落文本向左凸出或向右缩进一定距离。

2.1.4　输入连续的空格

在默认状态下，Dreamweaver CC 2018 只允许网站设计者输入一个空格，要输入连续多个空格，需要进行设置或通过特定操作才能实现。

1．设置"首选项"对话框

（1）选择"编辑 > 首选项"命令，或按 Ctrl+U 组合键，弹出"首选项"对话框，如图 2-17 所示。

（2）在左侧的"分类"列表中选择"常规"选项，在右侧的"编辑选项"选项组中勾选"允许多个连续的空格"复选框，单击"应用"按钮完成设置，单击"关闭"按钮关闭对话框。此时，用户可连续按 Space 键在文档编辑区内输入多个空格。

2．直接插入多个连续空格

在 Dreamweaver CC 2018 中插入多个连续空格，有以下几种方法。

① 选择"插入"面板中的"HTML"选项卡，单击"不换行空格"按钮。

② 选择"插入 > HTML > 不换行空格"命令，或按 Ctrl+Shift+Space 组合键。

③ 将输入法转换到中文的全角状态。

图 2-17

2.1.5　设置是否显示不可见元素

在网页的设计视图中，有一些元素仅用来标记该元素的位置，而在浏览器中是不可见的。例如，脚本图标用来标记文档正文中的 JavaScript 或 VBScript 代码的位置，换行符图标用来标记每个换行符
的位置，等等。在设计网页时，为了快速找到这些不可见元素的位置，常常改变这些元素在设计视图中的可见性。

显示或隐藏某些不可见元素的具体操作步骤如下。

（1）选择"编辑 > 首选项"命令，弹出"首选项"对话框。

（2）在左侧的"分类"列表中选择"不可见元素"选项，根据需要选择或取消选择右侧的多个复选框，以实现不可见元素的显示或隐藏，如图 2-18 所示。单击"应用"按钮完成设置，单击"关闭"按钮关闭对话框。

常用的不可见元素是命名锚记、脚本、换行符、表单隐藏区域和 AP 元素的锚点，一般将它们设为可见。

图 2-18

但细心的网页设计者会发现，虽然在"首选项"对话框中设置某些不可见元素为显示状态，但在网页的设计视图中却看不见这些不可见元素。为了解决这个问题，还必须选择"查看 > 设计视图选项 > 可视化助理 > 不可见元素"命令，效果如图 2-19 所示。

图 2-19

 提示　要在网页中添加换行符，不能只按 Enter 键，而要按 Shift+Enter 组合键。

2.1.6　设置页边距

按照文章的书写规则，正文与纸的四周需要留有一定的距离，这个距离叫页边距。网页设计也是如此，在默认状态下文档的上、下、左、右边距不为 0。

修改页边距的具体操作步骤如下。

（1）选择"文件 > 页面属性"命令，弹出"页面属性"对话框，如图 2-20 所示。

图 2-20

提示 在"页面属性"对话框中选择"外观（HTML）"选项，"页面属性"对话框的界面将发生改变，如图 2-21 所示。

图 2-21

（2）根据需要在对话框的"左边距""右边距""上边距""下边距""边距宽度"和"边距高度"选项的数值框中输入相应的数值。这些选项的含义如下。

"左边距""右边距"：指定网页左、右页边距的大小。

"上边距""下边距"：指定网页上、下页边距的大小。

"边距宽度"：指定网页左、右页边距的大小，只适用于 Navigator 浏览器。

"边距高度"：指定网页上、下页边距的大小，只适用于 Navigator 浏览器。

2.1.7　设置网页的标题

HTML 页面的标题可以帮助站点浏览者理解所查看网页的内容，并在浏览者的历史记录和书签列表中标记页面。文档的文件名是通过保存文件命令保存的网页文件名称，而页面标题是浏览者在浏览网页时浏览器标题栏中显示的信息。

更改页面标题的具体操作步骤如下。

（1）选择"文件 > 页面属性"命令，弹出"页面属性"对话框。

（2）在左侧的"分类"列表中选择"标题/编码"选项，在对话框右侧"标题"文本框中输入页面标题，如图 2-22 所示，单击"确定"按钮完成设置。

图 2-22

2.1.8 设置网页的默认属性

用户在制作新网页时，页面都有一些默认的属性，如网页的标题、网页边界、文字编码、文字颜色和超链接的颜色等。若需要修改网页的默认属性，可选择"文件 > 页面属性"命令，弹出"页面属性"对话框，如图 2-23 所示。对话框中各选项的作用如下。

图 2-23

"外观（CSS）"选项组、"外观（HTML）"选项组：设置网页背景色、背景图像，网页文字的字体、字号、颜色和网页边界。

"链接（CSS）"选项组：设置链接文字的格式。

"标题（CSS）"选项组：为标题 1 至标题 6 指定标题标签的字体大小和颜色。

"标题/编码"选项组：设置网页的标题和文字编码。一般情况下，将网页的文字编码设定为简体中文 GB2312 编码。

"跟踪图像"选项组：一般在复制网页时，若想使原网页的图像作为复制出的网页的参考图像，可使用跟踪图像的方式实现。跟踪图像仅作为复制出的网页的设计参考图像，在浏览器中并不显示出来。

2.1.9 课堂案例——国画展览馆网页

【案例学习目标】使用"属性"面板改变网页中的元素的属性，使网页变得更加美观。

【案例知识要点】使用"属性"面板设置文字大小、颜色及字体，如图 2-24 所示。

【效果所在位置】学习资源 > Ch02 > 效果 > 国画展览馆网页 > index.html。

图 2-24

1. 添加字体

（1）选择"文件 > 打开"命令，在弹出的"打开"对话框中选择本书学习资源中的"Ch02> 素材 > 国画展览馆网页 > index.html"文件，单击"打开"按钮打开文件，如图 2-25 所示。

（2）在"属性"面板中单击"字体"选项的下拉按钮，在弹出的列表中选择"管理字体..."选项，如图 2-26 所示。

图 2-25 图 2-26

（3）弹出"管理字体"对话框，在对话框中单击"自定义字体堆栈"选项卡，在"可用字体"列表中选择"方正黄草简体"字体，如图 2-27 所示，单击 << 按钮，将其添加到"字体列表"中，如图 2-28 所示，单击"完成"按钮完成设置。

图 2-27 图 2-28

2. 改变文字外观

（1）选中文字"关于我们"，如图 2-29 所示。在"属性"面板的"目标规则"下拉列表中选择"<新内联样式>"选项，将"字体"设为"方正黄草简体"，"大小"设为 39 px，"文本颜色"设为黄色（#FFDE00），如图2-30 所示，效果如图 2-31 所示。

图 2-29

图 2-30

（2）选中文字"国画鉴赏"，如图 2-32 所示。在"属性"面板的"目标规则"下拉列表中选择"<新内联样式>"选项，将"字体"设为"方正黄草简体"，"大小"设为 39 px，"文本颜色"设为绿色

（#00e93c），如图 2-33 所示，效果如图 2-34 所示。

（3）保存文档，按 F12 键预览效果，如图 2-35 所示。

图 2-31 图 2-32

图 2-33

图 2-34 图 2-35

2.1.10　改变文本的大小

Dreamweaver CC 2018 提供了两种改变文本大小的方法，一种是设置文本的默认大小，另一种是设置选中的文本的大小。

1. 设置文本的默认大小

（1）选择"文件 > 页面属性"命令，弹出"页面属性"对话框。

（2）在左侧的"分类"列表中选择"外观（CSS）"选项，在右侧的"大小"选项中根据需要选择文本的大小，如图 2-36 所示，单击"确定"按钮完成设置。

图 2-36

2. 设置选中的文本的大小

在 Dreamweaver CC 2018 中，可以通过"属性"面板设置选中的文本的大小，步骤如下。

（1）在文档窗口中选中文本，如图 2-37 所示。

（2）在"属性"面板中的"大小"下拉列表中选择相应的值，如图 2-38 所示。

图 2-37　　　　　　　　　　　　　　　　　　图 2-38

2.1.11　改变文本的颜色

丰富的视觉色彩可以吸引用户的注意，网页中的文本不仅可以是黑色，还可以呈现为其他色彩，最多可达到 16 777 216 种颜色。颜色的种类与用户显示器的分辨率和颜色值有关，所以，通常在 216 种网页色彩中选择文字的颜色。

在 Dreamweaver CC 2018 中提供了两种改变文本颜色的方法。

1. 设置文本的默认颜色

（1）选择"文件 > 页面属性"命令，弹出"页面属性"对话框。

（2）在左侧的"分类"列表中选择"外观（CSS）"选项，在右侧的"文本颜色"选项中选择具体的文本颜色，如图 2-39 所示，单击"确定"按钮完成设置。

图 2-39

提示　在"文本颜色"选项中选择文本颜色时，可以在颜色按钮右边的文本框中直接输入文本颜色的十六进制数值。

2. 设置选中的文本的颜色

通过"文本颜色"按钮设置选中的文本的颜色，步骤如下。

（1）在文档窗口中选中文本。

（2）单击"属性"面板中的"文本颜色"按钮，选择相应的颜色，如图 2-40 所示。

图 2-40

2.1.12　改变文本的字体

Dreamweaver CC 2018 提供了两种改变文本字体的方法，一种是设置文本的默认字体，一种是设置选中的文本的字体。

1．设置文本的默认字体

（1）选择"文件 > 页面属性"命令，弹出"页面属性"对话框。

（2）在左侧的"分类"列表中选择"外观（CSS）"选项，在右侧单击"页面字体"选项的下拉按钮，弹出其下拉列表，如果列表中有合适的字体组合，可直接单击选择该字体组合，如图 2-41 所示。否则，需选择"管理字体..."选项，在弹出的"管理字体"对话框中自定义字体组合。

图 2-41

（3）单击"管理字体"对话框中的"自定义字体堆栈"选项卡，在"可用字体"列表中选择需要的字体，如图 2-42 所示，然后单击 << 按钮，将其添加到"字体列表"中。在"可用字体"列表中再选中另一种字体，再次单击 << 按钮，在"字体列表"中建立字体组合，如图 2-43 所示。

图 2-42

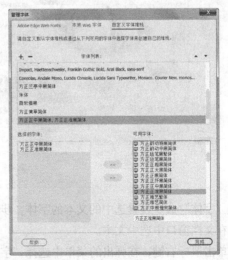

图 2-43

（4）单击 + 按钮，另建一个字体组合，如图2-44所示，在"可用字体"列表中选择需要的字体，然后单击 << 按钮，将其添加到"字体列表"中，如图2-45所示，单击"完成"按钮关闭对话框。

 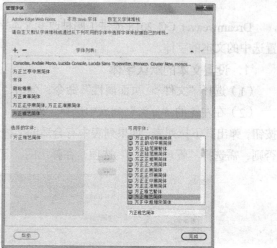

图2-44　　　　　　　　　　　　　　图2-45

（5）在"页面属性"对话框中的"页面字体"下拉列表中选择刚建立的字体组合作为文本的默认字体。

2. 设置选中的文本的字体

为了将不同的文字设定为不同的字体，Dreamweaver CC 2018提供了两种改变选中的文本字体的方法。

通过"字体"选项设置选中的文本的字体，步骤如下。

（1）在文档窗口中选中文本。

（2）选择"属性"面板，在"字体"下拉列表中选择相应的字体，如图2-46所示。

图2-46

通过"字体"命令设置选中的文本的字体，步骤如下。

（1）在文档窗口中选中文本。

（2）单击鼠标右键，在弹出的菜单中选择"字体"命令，在弹出的子菜单中选择相应的字体，如图2-47所示。

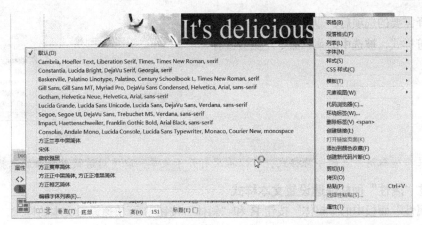

图 2-47

2.1.13　改变文本的对齐方式

文本的对齐方式是指文字相对于文档窗口或浏览器窗口在水平方向的对齐方式。对齐方式有 4 种，分别为左对齐、居中对齐、右对齐和两端对齐。

通过对齐按钮改变文本的对齐方式，步骤如下。

（1）将插入点放在文本中，或者选择段落。

（2）在"属性"面板中单击相应的对齐按钮，如图 2-48 所示。

图 2-48

对段落文本的对齐操作实际上是对<p>标签的 align 属性的设置。align 属性值有 3 种，其中 left 表示左对齐，center 表示居中对齐，而 right 表示右对齐。例如，下面的 3 条语句分别设置了段落的对齐方式为左对齐、居中对齐和右对齐，效果如图 2-49 所示。

图 2-49

```
<p align="left">文本居左</p>
<p align="center">文本居中</p>
<p align="right">文本居右</p>
```

2.1.14　设置文本样式

文本样式是指字符的外观显示方式，如加粗文本、倾斜文本和为文本加下划线等。

1．通过"文本"命令设置文本样式

（1）在文档窗口中选中文本。

（2）选择"编辑 > 文本"命令，在弹出的子菜单中选择相应的样式，如图 2-50 所示。

（3）选择需要的选项后，即可为选中的文本设置相应的字符样式，被选中的菜单命令左侧会带有选中标记 ✓ 。

图 2-50

提示 如果希望取消设置的字符样式，可以再次打开子菜单，取消对该菜单命令的选择。

2. 通过"属性"面板快速设置文本样式

单击"属性"面板中的"粗体"按钮 **B** 和"斜体"按钮 *I* 可快速设置文本的样式，如图 2-51 所示。如果要取消粗体或斜体样式，再次单击相应的按钮即可。

图 2-51

3. 使用快捷键快速设置文本样式

另外一种快速设置文本样式的方法是使用快捷键。按 Ctrl+B 组合键，可以将选中的文本加粗；按 Ctrl+I 组合键，可以将选中的文本倾斜。

提示 再次按相应的快捷键，则可取消文本样式。

2.1.15 段落文本

段落是指描述一个主题并且格式统一的一段文字。在文档窗口中，输入一段文字后按 Enter 键，这段文字会显示在<p>和</ p >标签之间。

1. 应用段落格式

通过"格式"选项应用段落格式，步骤如下。

（1）将插入点放在段落中，或者选择段落中的文本。

（2）选择"属性"面板，在"格式"下拉列表中选择相应的格式，如图 2-52 所示。

通过"段落格式"命令应用段落格式，步骤如下。

（1）将插入点放在段落中，或者选择段落中的文本。

（2）选择"编辑 > 段落格式"命令，弹出相应的子菜单，如图 2-53 所示，选择相应的段落格式。

图 2-52

2. 指定预格式化

预格式化标签是<pre>和</pre>。预格式化是指用户预先对<pre>和</pre>之间的文字进行格式化，以便在浏览器中按真正的格式显示其中的文本。例如，用户在段

图 2-53

落中插入多个空格，但浏览器却按一个空格处理，为这段文字指定预格式化后，就会按用户输入的显示多个空格。

通过"格式"选项指定预格式化，步骤如下。

（1）将插入点放在段落中，或者选择段落中的文本。

（2）选择"属性"面板，在"格式"下拉列表中选择"预先格式化的"选项，如图 2-54 所示。

通过"段落格式"命令指定预格式化，步骤如下。

（1）将插入点放在段落中，或者选择段落中的文本。

（2）选择"编辑 > 段落格式"命令，弹出相应的子菜单，选择"已编排格式"命令。

图 2-54

 提示　若想去除文字的格式，可按上述方法，将"格式"选项设为"无"。

2.2　项目符号和编号

项目符号和编号可以表示不同段落的文本之间的关系，因此，在文本上设置编号或项目符号并进行适当的缩进，可以直观地表示文本间的逻辑关系。

2.2.1　课堂案例——海波金融网页

【案例学习目标】使用"项目列表"按钮改变段落的样式。

【案例知识要点】使用"项目列表"按钮添加项目符号，使用"日期"按钮插入日期和时间，如图 2-55 所示。

【效果所在位置】学习资源 > Ch02 > 效果 > 海波金融网页 > index.html。

（1）选择"文件 > 打开"命令，在弹出的"打开"对话框中选择本书学习资源中的"Ch02 > 素材 > 海波金融网页 > index.html"文件，单击"打开"按钮打开文件，如图 2-56 所示。

图 2-55

图 2-56

（2）选中图 2-57 所示的文字，单击"属性"面板中的"项目列表"按钮，段落前生成"•"符号，效果如图 2-58 所示。

图 2-57

图 2-58

（3）将光标置入图 2-59 所示的位置，单击"插入"面板"HTML"选项卡中的"日期"按钮 ，在弹出的"插入日期"对话框中进行图 2-60 所示的设置，单击"确定"按钮，效果如图 2-61 所示。

图 2-59

图 2-60

图 2-61

（4）保存文档，按 F12 键预览效果，如图 2-62 所示。

2.2.2　设置项目符号或编号

通过"项目列表"或"编号列表"按钮设置项目符号或编号，步骤如下。

（1）选择段落。

（2）在"属性"面板中单击"项目列表"按钮 或"编号列表"按钮 ，为文本添加项目符号或编号。设置了项目符号和编号后的段落效果如图 2-63 所示。

通过"列表"命令设置项目符号或编号，步骤如下。

（1）选择段落。

（2）选择"编辑 > 列表"命令，弹出相应的子菜单，如图 2-64 所示，选择"项目列表"或"编号列表"命令。

图 2-62

图 2-63

图 2-64

2.2.3　修改项目符号或编号

（1）将插入点放在要修改项目符号或编号的文本中。

（2）通过以下几种方法启动"列表属性"对话框。

① 单击"属性"面板中的"列表项目…"按钮　列表项目…　。

② 选择"编辑 > 列表 > 属性"命令。

在对话框中，先选择"列表类型"选项，确定要修改为项目符号还是编号，如图 2-65 所示。然后在"样式"选项中选择相应的项目符号或编号的样式，如图 2-66 所示。单击"确定"按钮完成设置。

图 2-65

图 2-66

2.2.4　设置文本缩进格式

设置文本缩进格式有以下几种方法。

① 在"属性"面板中单击"内缩区块"按钮　或"删除内缩区块"按钮　，使段落向右移动或向左移动。

② 选择"编辑 > 文本 > 缩进"或"编辑 > 文本 > 凸出"命令，使段落向右移动或向左移动。

③ 按 Ctrl+Alt+] 组合键或 Ctrl+Alt+ [组合键，使段落向右移动或向左移动。

2.2.5　插入日期和时间

（1）在文档窗口中，将插入点放置在想要插入对象的位置。

（2）通过以下几种方法启动"插入日期"对话框，如图 2-67 所示。

① 选择"插入"面板中的"HTML"选项卡，单击"日期"工具按钮 。

② 选择"插入 > HTML > 日期"命令。

对话框中包含"星期格式""日期格式""时间格式""储存时自动更新"4 个选项。前 3 个选项用于设置星期、日期和时间的显示格式，后一个选项表示是否按系统当前的日期和时间显示日期和时间，若选择此复选框，则显示当前的日期和时间，否则仅按创建网页时的设置显示。

图 2-67

（3）选择相应的日期和时间的格式，单击"确定"按钮完成设置。

2.2.6　特殊字符

在网页中插入特殊字符有以下几种方法。

① 单击"插入"面板"HTML"选项卡中的"字符：换行符"展开式工具按钮 中的下拉按钮，弹出其他特殊字符按钮，如图 2-68 所示。在其中选择需要的特殊字符的工具按钮，即可插入特殊字符。

"版权"按钮 ©：用于在文档中插入版权符号。

"注册商标"按钮 ®：用于在文档中插入注册商标符号。

"其他字符"按钮 ：使用此按钮，可在弹出的"插入其他字符"对话框中单击需要的字符，该字符的代码就会出现在"插入"文本框中，也可以直接在该文本框中输入字符代码，单击"确定"按钮，即可将字符插入文档，如图 2-69 所示。

② 选择"插入 > HTML > 字符"命令，在弹出的子菜单中选择需要的特殊字符，如图 2-70 所示。

图 2-68　　　　　　　图 2-69　　　　　　　　　　图 2-70

2.2.7　插入换行符

为段落添加换行符有以下几种方法。

① 选择"插入"面板的"HTML"选项卡，单击"换行符"按钮 。

② 按 Shift+Enter 组合键。

③ 选择"插入 > HTML > 字符 > 换行符"命令。

在文档中插入换行符的操作步骤如下。

（1）打开一个网页文件，输入一段文字，如图 2-71 所示。

（2）按 Shift+Enter 组合键，将光标换到下一个段落，如图 2-72 所示。按 Shift+Ctrl+Space 组合键，输入空格，输入文字，如图 2-73 所示。使用相同的方法，插入换行符，输入文字，效果如图 2-74 所示。

图 2-71

图 2-72

图 2-73

图 2-74

2.3　水平线、网格与标尺

水平线可以将文字、图像、表格等对象在视觉上分割开。一篇内容繁杂的文档，如果合理地放置几条水平线，就会变得层次分明，便于阅读。

虽然 Dreamweaver 提供了所见即所得的编辑器，但是通过视觉来判断网页元素的位置并不准确。要想精确地定位网页元素，就必须依靠 Dreamweaver 提供的定位工具。

2.3.1　课堂案例——休闲度假村网页

【案例学习目标】使用"水平线"命令插入水平线，使用代码改变水平线的颜色。

【案例知识要点】使用"水平线"命令在文档中插入水平线，使用"属性"面板改变水平线的高度，使用代码改变水平线的颜色，如图 2-75 所示。

【效果所在位置】学习资源 > Ch02 > 效果 > 休闲度假村网页 > index.html。

1. 插入水平线

（1）选择"文件 > 打开"命令，在弹出的"打开"对话框中选择本书学习资源中的"Ch02 > 素材 > 休闲度假村网页 > index.html"文件，单击"打开"按钮打开文件，如图 2-76 所示。

图 2-75　　　　　　　　　　　　　　　　　图 2-76

（2）将光标置入图 2-77 所示的单元格。选择"插入 > HTML > 水平线"命令，插入水平线，效果如图 2-78 所示。选中插入的水平线，在"属性"面板中将"高"选项设为 1，取消选择"阴影"复选框，如图 2-79 所示，水平线效果如图 2-80 所示。

图 2-77

图 2-78

图 2-79

图 2-80

2. 改变水平线的颜色并复制

（1）选中插入的水平线，单击"文档"工具栏中的"拆分"按钮 拆分，进入"拆分"视图窗口。将光标置于水平线标签"<hr>"中的"noshade"属性后，按一次空格键，出现了该标签的属性列表，在其中选择属性"color"，单击"Color Picker..."，在弹出的颜色拾取对话框中选择需要的颜色，标签效果如图 2-81 所示。

图 2-81

（2）单击"文档"工具栏中的"设计"按钮 设计 ，返回设计视图窗口中。选中插入的水平线，如图 2-82 所示，按 Ctrl+C 组合键，复制水平线。将光标置入图 2-83 所示的单元格，按 Ctrl+V 组合键，粘贴复制的水平线，效果如图 2-84 所示。

图 2-82

图 2-83

图 2-84

（3）水平线的颜色不能在 Dreamweaver CC 2018 界面中确认，保存文档，按 F12 键预览效果，如图 2-85 所示。

2.3.2　水平线

水平线在网页的版式设计中是非常有用的，可以用来分割文本、图像、表格等对象。

1. 创建水平线

① 选择"插入"面板的"HTML"选项卡，单击"水平线"工具按钮 。

② 选择"插入 > HTML > 水平线"命令。

2. 修改水平线

图 2-85

在文档窗口中选中水平线，选择"窗口 > 属性"命令，弹出"属性"面板，可以根据需要对属性进行修改，如图 2-86 所示。

图 2-86

在"水平线"选项下方的文本框中输入水平线的名称。

在"宽"文本框中输入水平线的宽度值，该值可以是像素值，也可以是相对页面水平宽度的百分比值。

在"高"文本框中输入水平线的高度值，该值只能是像素值。

在"对齐"下拉列表中，可以选择水平线在水平方向上的对齐方式，可以是"左对齐""右对齐"或"居中对齐"，也可以选择"默认"选项，使用默认的对齐方式，一般为"居中对齐"。

如果选择"阴影"复选框，则水平线被设置为阴影效果。

2.3.3 网格

使用网格可以更加方便地定位网页元素，在网页布局时网格也具有至关重要的作用。

1．显示网格

选择"查看 > 设计视图选项 > 网格设置 > 显示网格"命令，或按 Ctrl+Alt+G 组合键，此时处于显示网格的状态，网格在"设计"视图中可见，如图 2-87 所示。

2．设置网页元素与网格对齐

选择"查看 > 设计视图选项 > 网格设置 > 靠齐到网格"命令，或按 Ctrl+Alt+Shift+G 组合键，此时，无论网格是否可见，都可以让网页元素自动与网格对齐。

3．修改网格的疏密

选择"查看 > 设计视图选项 > 网格设置 > 网格设置"命令，弹出"网格设置"对话框，如图 2-88 所示。在"间隔"文本框中输入一个数字，并从下拉列表中选择间隔的单位，单击"确定"按钮关闭对话框，完成网格线间隔的修改。

图 2-87

4．修改网格线的颜色和线型

选择"查看 > 设计视图选项 > 网格设置 > 网格设置"命令，弹出"网格设置"对话框。在对话框中，先单击"颜色"按钮并从颜色拾取器中选择一种颜色，或者在文本框中输入"#"和一个十六进制的数字，然后单击"显示"选项组中的"线"或"点"单选项，如图 2-89 所示，最后单击"确定"按钮，完成网格线颜色和线型的修改。

图 2-88

2.3.4 标尺

标尺显示在文档窗口的页面上方和左侧，用以测定网页元素的位置。标尺的单位分为像素、英寸和厘米。

1．在文档窗口中显示标尺

图 2-89

选择"查看 > 设计视图选项 > 标尺 > 显示"命令，或按 Alt+F11 组合键，此时标尺处于显示的状态，如图 2-90 所示。

2．改变标尺的计量单位

在标尺上单击鼠标右键，在弹出的菜单中选择需要的计量单位，如图 2-91 所示。

图 2-90   图 2-91

3．改变坐标原点

将鼠标指针放到文档窗口左上方的标尺交叉点处，按住鼠标左键，鼠标的指针变为"+"形，向右下方拖曳鼠标指针，如图 2-92 所示。在要设置新的坐标原点的地方松开鼠标左键，坐标原点将随之改变，如图 2-93 所示。

图 2-92   图 2-93

4．重置标尺的坐标原点

选择"查看 > 设计视图选项 > 标尺 > 重置原点"命令，如图 2-94 所示，可将坐标原点还原成（0，0）点。

图 2-94

提示 要将坐标原点恢复到初始位置，还可以通过用鼠标双击文档窗口左上方的标尺交叉点完成操作。

课堂练习——有机果蔬网页

【练习知识要点】使用"页面属性"命令设置页面外观、网页标题，使用"首选项"命令设置允许多个连续空格，使用"CSS 设计器"面板设置文字的字体、大小和行距，如图 2-95 所示。

【素材所在位置】学习资源 > Ch02 > 素材 > 有机果蔬网页 > index.html。

【效果所在位置】学习资源 > Ch02 > 效果 > 有机果蔬网页 > index.html。

图 2-95

课后习题——电商网页

【习题知识要点】使用"页面属性"命令设置页面的边距、网页标题，使用"首选项"命令设置允许多个连续空格，使用"CSS 设计器"面板设置文字的颜色，如图 2-96 所示。

【素材所在位置】学习资源 > Ch02 > 素材 > 电商网页 > index.html。

【效果所在位置】学习资源 > Ch02 > 效果 > 电商网页 > index.html。

图 2-96

第**3**章 多媒体

本章介绍

所谓"媒体"是指信息的载体，包括文字、图像、动画、音频和视频等。在 Dreamweaver CC 2018 中，用户可以方便快捷地向 Web 站点中添加图像、音频和视频等，并可以导入和编辑多个媒体文件和对象。其中，图像在网页中的作用是非常重要的，图像可以使网页更加美观、形象、生动，从而使网页中的内容更加丰富多彩。

学习目标

- 掌握图像的格式
- 掌握图像的插入、图像属性的设置、文字说明的添加和跟踪图像的应用
- 掌握 Flash 动画、Flash Video、Animate 作品、HTML5 Video 的插入方法
- 掌握音频和插件的插入方法

技能目标

- 掌握咖啡馆网页的制作方法
- 掌握物流运输网页的制作方法

3.1 图像

发布网站的目的就是要让更多的浏览者浏览设计的站点，网站设计者必须想办法去吸引浏览者的注意，所以网页除了包含文字外，还要包含各种令人赏心悦目的图像。因此，对于网站设计者而言，掌握图像的使用技巧是非常必要的。

3.1.1 课堂案例——咖啡馆网页

【案例学习目标】使用"插入"面板，插入图像。

【案例知识要点】使用"Image"按钮，插入图像，如图 3-1 所示。

【效果所在位置】学习资源 > Ch03 > 效果 > 咖啡馆网页 > index.html。

（1）选择"文件 > 打开"命令，在弹出的"打开"对话框中选择本书学习资源中的"Ch03 > 素材 > 咖啡馆网页 > index.html"文件，单击"打开"按钮打开文件，如图 3-2 所示。将光标置入图 3-3 所示的单元格。

图 3-1

图 3-2

图 3-3

（2）单击"插入"面板"HTML"选项卡中的"Image"按钮，在弹出的"选择图像源文件"对话框中选择本书学习资源中的"Ch03 > 素材 > 咖啡馆网页 > images > pic_2.png"文件，单击"确定"按钮，完成图片的插入，如图 3-4 所示。

图 3-4

（3）用相同的方法将本书学习资源"Ch03 > 素材 > 咖啡馆网页 > images"文件夹中的

"img01.png""img02.png"和"img03.png"文件插入该单元格，效果如图 3-5 所示。

（4）保存文档，按 F12 键预览效果，如图 3-6 所示。

图 3-5

图 3-6

3.1.2　网页中的图像格式

网页中通常使用的图像文件有 GIF、JPEG、PNG 3 种格式，但大多数浏览器只支持 JPEG、GIF 两种图像格式。因为要保证浏览者下载网页的速度，网站设计者也常使用 JPEG 和 GIF 这两种压缩格式的图像。

1. GIF

GIF 是网络中最常见的图像格式，其具有如下特点。

（1）最多可以显示 256 种颜色。因此，它最适合显示色调不连续或具有大面积单一颜色的图像，如导航条、按钮、图标、徽标或其他具有统一色彩和色调的图像。

（2）使用无损压缩方案，图像在压缩后不会有细节的损失。

（3）支持透明的背景，可以创建带有透明区域的图像。

（4）是交织文件格式，在浏览器完成下载图像之前，浏览者即可看到该图像。

（5）图像格式的通用性好，几乎所有的浏览器都支持此图像格式，并且有许多免费软件支持 GIF 图像文件的编辑。

2. JPEG

JPEG 是用于为图像提供一种"有损耗"压缩的图像格式，其具有如下特点。

（1）具有丰富的色彩，最多可以显示 1 670 万种颜色。

（2）使用有损压缩方案，图像在压缩后会有细节的损失。

（3）JPEG 格式的图像比 GIF 格式的图像小，下载速度更快。

（4）图像边缘的细节损失严重，所以不适合包含鲜明对比或文本的图像。

3. PNG

PNG 是专门为网络而准备的图像格式，其具有如下特点。

（1）使用新型的无损压缩方案，图像在压缩后不会有细节的损失。

（2）具有丰富的色彩，最多可以显示 1 670 万种颜色。

（3）图像格式的通用性差。IE 4.0 或更高版本和 Netscape 4.04 或更高版本的浏览器都只能部分支持 PNG 图像的显示。因此，只有在为特定的目标用户设计时，才使用 PNG 格式的图像。

3.1.3　插入图像

要在 Dreamweaver CC 2018 文档中插入的图像必须位于当前站点文件夹内或远程站点文件夹内，否则图像不能正确显示，所以在建立站点时，网站设计者常先创建一个名叫"images"的文件夹，并将需要的图像复制到其中。

在网页中插入图像的具体操作步骤如下。

（1）在文档窗口中，将插入点放置在要插入图像的位置。

（2）通过以下几种方法启用"Image"命令，弹出"选择图像源文件"对话框，如图 3-7 所示。

① 选择"插入"面板中的"HTML"选项卡，单击"Image"按钮 。

② 选择"插入 > Image"命令。

③ 按 Ctrl+Alt+I 组合键。

（3）在对话框中选择图像文件，单击"确定"按钮完成设置。

图 3-7

3.1.4　设置图像属性

插入图像后，在"属性"面板中显示该图像的属性，如图 3-8 所示。下面介绍各选项的含义。

图 3-8

"ID"选项：指定图像的 ID 名称。

"Src"选项：指定图像的源文件。

"链接"选项：指定单击图像时要显示的网页文件。

"无"选项：指定图像应用 CSS 样式。

"编辑"按钮组：编辑图像文件，包括编辑、编辑图像设置、从源文件更新、裁剪、重新取样、亮度和对比度、锐化功能。

"宽"和"高"选项：指定图像的宽度和高度。这样做虽然可以缩放显示的图像大小，但不会缩短下载时间，因为浏览器在缩放图像前会下载所有图像数据。

"替换"选项：指定文本，在浏览器设置为手动下载图像前，用它来替换显示的图像。在某些浏览器中，当鼠标指针滑过图像时也会显示替代文本。

"标题"选项：指定图像的标题。

"地图"和热点工具按钮组：用于设置图像的热点链接。

"目标"选项：指定链接页面应该在其中载入的框架或窗口，详细参数可见第 4 章。

"原始"选项：为了节省浏览者浏览网页的时间，可通过此选项指定在载入主图像之前快速载入的低品质图像。

3.1.5 给图片添加文字说明

当图片不能在浏览器中正常显示时，网页中图片的位置会变成空白区域，如图 3-9 所示。

图 3-9

为了让浏览者在不能正常显示图片时也能了解图片的信息，常为网页的图像设置"替换"属性，将图片的说明文字输入"替换"文本框，如图 3-10 所示。当图片不能正常显示时，网页的效果如图 3-11 所示。

图 3-10   图 3-11

3.1.6 跟踪图像

在工程设计过程中，一般先在图像处理软件中勾画出工程蓝图，然后在此基础上反复修改，最终得到一幅设计图。制作网页时也应采用工程设计的方法，先在图像处理软件中绘制网页的蓝图，将其添加到网页的背景中，按设计方案对号入座，等网页制作完毕后，再将蓝图删除。Dreamweaver CC 2018 利用"跟踪图像"功能来实现上述网页设计的方案。

设置网页蓝图的具体操作步骤如下。

（1）在图像处理软件中绘制网页的设计蓝图，如图 3-12 所示。

图 3-12

（2）选择"文件 > 新建"命令，新建文档。

（3）选择"文件 > 页面属性"命令，弹出"页面属性"对话框，在左侧的"分类"列表中选择"跟踪图像"选项，转换到"跟踪图像"选项卡，如图 3-13 所示。

（4）单击"跟踪图像"选项右侧的"浏览..."按钮，在弹出的"选择图像源文件"对话框中找到步骤（1）中设计蓝图的保存路径，如图 3-14 所示，单击"确定"按钮，返回"页面属性"对话框。

图 3-13   图 3-14

（5）在"页面属性"对话框中调整"透明度"选项的滑块，使图像呈半透明状态，如图 3-15 所示，单击"确定"按钮完成设置，效果如图 3-16 所示。

图 3-15   图 3-16

3.2 动画、视频和音频

在网页中除了使用文本和图像元素表达信息外，用户还可以向其中插入 Flash 动画、Flash Video、Animate 作品等多媒体对象，以丰富网页的内容。虽然这些多媒体对象能够使网页更加丰富多彩，吸引更多的浏览者，但是有时必须以牺牲浏览速度和兼容性为代价。所以，一般网站为了保证浏览者的浏览速度，不会大量运用多媒体元素。

3.2.1 课堂案例——物流运输网页

【案例学习目标】使用"插入"面板中的"HTML"选项卡插入 Flash 动画，使网页变得生动有趣。

【案例知识要点】使用"Flash SWF"按钮为网页文档插入 Flash 动画，如图 3-17 所示。

【效果所在位置】学习资源 > Ch03 > 效果 > 物流运输网页 > index.html。

（1）选择"文件 > 打开"命令，在弹出的"打开"对
话框中选择本书学习资源中的"Ch03 > 素材 > 物流运输网
页 > index.html"文件，单击"打开"按钮打开文件，如图
3-18 所示。将光标置入图 3-19 所示的单元格。

（2）在"插入"面板的"HTML"选项卡中单击"Flash
SWF"按钮 ，在弹出的"选择 SWF"对话框中选择本书
学习资源中的"Ch03 > 素材 > 物流运输网页 > images >
DH.swf"文件，如图 3-20 所示，单击"确定"按钮完成 Flash
动画的插入，效果如图 3-21 所示。

图 3-17

图 3-18

图 3-19

图 3-20

图 3-21

（3）保存文档，按 F12 键预览效果，如图 3-22 所示。

3.2.2 插入 Flash 动画

Dreamweaver CC 2018 提供了使用 Flash 对象的功能，虽
然 Flash 中使用的文件类型有 Flash 源文件(.fla)、Flash SWF
文件(.swf)、Flash 模板文件(.swt)，但 Dreamweaver CC 2018
只支持 Flash SWF(.swf)文件，因为它是 Flash 源文件(.fla)的
压缩版本，已进行了优化，便于在 Web 上查看。

在网页中插入 Flash 动画的具体操作步骤如下。

（1）在文档窗口的"设计"视图中，将插入点放置在想要插入动画的位置。

图 3-22

（2）通过以下几种方法启用 "Flash SWF" 命令。

① 在 "插入" 面板的 "HTML" 选项卡中，单击 "Flash SWF" 按钮 🖿。

② 选择 "插入 > HTML > Flash SWF" 命令。

③ 按 Ctrl+Alt+F 组合键。

（3）弹出 "选择 SWF" 对话框，选择一个后缀为 ".swf" 的文件，如图 3-23 所示，单击 "确定" 按钮完成 Flash 动画的插入。此时，Flash 占位符出现在文档窗口中，如图 3-24 所示。

图 3-23

图 3-24

3.2.3 插入 Flash Video

在网页中可以轻松添加 FLV 视频，而无须使用 Flash 创作工具。但在操作之前必须有一个经过编码的 FLV 文件。使用 Dreamweaver 插入一个显示 FLV 文件的 SWF 组件，当在浏览器中查看时，此组件显示所选的 FLV 文件以及一组播放控件。

Dreamweaver 提供了以下选项，用于将 FLV 视频传送给站点访问者。

"累进式下载视频" 选项：将 FLV 文件下载到站点访问者的硬盘上，然后进行播放。但是，与传统的 "下载并播放" 视频传送方法不同，累进式下载允许在下载完成之前就开始播放视频文件。

"流视频" 选项：对视频内容进行流式处理，并在一段可确保流畅播放的很短的缓冲时间后在网页上播放该内容。若要在网页上启用流视频，必须具有访问 Adobe Flash Media Server 的权限，必须有一个经过编码的 FLV 文件，然后才能在 Dreamweaver 中使用它。可以插入使用以下两种编解码器（压缩/解压缩技术）创建的视频文件：Sorenson Squeeze 和 On2。

与常规 SWF 文件一样，在插入 FLV 文件时，Dreamweaver 将插入检测用户是否拥有可查看视频的正确版本的 Flash Player 的代码。如果用户没有正确版本的 Flash Player，则页面将显示替代内容，提示用户下载最新版本的 Flash Player。

> **提示** 若要查看 FLV 文件，用户的计算机上必须安装 Flash Player 8 或更高版本的 Flash Player。如果用户没有安装所需的 Flash Player 版本，但安装了 Flash Player 6 r65 或更高版本的 Flash Player，则浏览器将显示 Flash Player 快速安装程序，而非替代内容。如果用户拒绝快速安装，则页面会显示替代内容。

插入 FLV 对象的具体操作步骤如下。

（1）在文档窗口的 "设计" 视图中，将插入点放置在想要插入 FLV 文件的位置。

（2）通过以下几种方法启用"Flash Video"命令，弹出"插入 FLV"对话框，如图 3-25 所示。

① 在"插入"面板的"HTML"选项卡中，单击"Flash Video"按钮 ![]。

② 选择"插入 > HTML > Flash Video"命令。

将"视频类型"设置为"累进式下载视频"时对话框中的选项如下。

"URL"选项：指定 FLV 文件的相对路径或绝对路径。若要指定相对路径，则单击"浏览..."按钮，导航到 FLV 文件并将其选定。若要指定绝对路径，则输入 FLV 文件的 URL。

"外观"选项：指定视频组件的外观。所选外观的预览效果会显示在"外观"选项的下方。

"宽度"选项：以像素为单位指定 FLV 文件的宽度。

"高度"选项：以像素为单位指定 FLV 文件的高度。

图 3-25

提示 "包括外观"是 FLV 文件的宽度和高度与所选外观的宽度和高度分别相加得出的和。

"限制高宽比"复选框：保持视频组件的宽度和高度之间的比例不变。默认情况下会选择此选项。

"自动播放"复选框：指定在页面打开时是否播放视频。

"自动重新播放"复选框：指定播放控件在视频播放完之后是否返回起始位置。

将"视频类型"设置为"流视频"时对话框中的选项如下。

"服务器 URI"选项：以 rtmp:// example.com/app_name/instance_name 的形式指定服务器名称、应用程序名称和实例名称。

"流名称"选项：指定想要播放的 FLV 文件的名称（如 myvideo.flv）。扩展名是可选的。

"实时视频输入"复选框：指定视频内容是否是实时的。如果选择了"实时视频输入"，则 Flash Player 将播放从 Flash Media Server 流入的实时视频流。实时视频的名称是在"流名称"文本框中指定的名称。

提示 如果选择了"实时视频输入"，组件上只会显示音量控件，因为用户无法操纵实时视频。此外，"自动播放"和"自动重新播放"选项也不起作用。

"缓冲时间"选项：指定在视频开始播放之前进行缓冲处理所需的时间（以秒为单位）。默认的缓冲时间为 0 秒，这样在单击了"播放"按钮后视频会立即开始播放。（如果选择"自动播放"，则在建立与服务器的连接后视频立即开始播放）如果要发送的视频的比特率高于站点访问者的连接速度，或者 Internet 通信可能会导致带宽或连接问题，则可能需要设置缓冲时间。例如，如果要在网页播放视频之前将 15 秒的视频发送到网页，请将缓冲时间设置为 15 秒。

（3）在对话框中根据需要进行设置。单击"确定"按钮，将 FLV 文件插入文档窗口，此时，FLV 占位符出现在文档窗口中，如图 3-26 所示。

图 3-26

3.2.4 插入 Animate 作品

Animate 是 Adobe 出品的制作 HTML5 动画的可视化工具,可以简单地理解为 HTML5 版本的 Flash Professional。使用该软件,可以在网页中轻而易举地插入视频,而不需要编写烦琐复杂的代码。

在网页中插入动画合成作品的具体操作步骤如下。

(1)在文档窗口的"设计"视图中,将插入点放置在想要插入动画合成作品的位置。

(2)通过以下几种方法启用"动画合成"命令。

① 在"插入"面板的"HTML"选项卡中,单击"动画合成"按钮 📄。

② 选择"插入 > HTML > 动画合成"命令。

③ 按 Ctrl+Alt+Shift+E 组合键。

(3)弹出"选择动画合成"对话框,选择一个动画合成文件,如图 3-27 所示,单击"确定"按钮,在文档窗口中插入动画合成作品,效果如图 3-28 所示。

图 3-27

图 3-28

(4)保存文档,按 F12 键在浏览器中预览效果,如图 3-29 所示。

图 3-29

提示 使用"动画合成"按钮,只能插入后缀为".oam"的文件,该格式的文件是由 Animate 软件发布的 Animate 作品包。

3.2.5　插入 HTML5 Video

Dreamweaver CC 2018 可以在网页中插入 HTML5 视频。HTML5 视频元素提供了一种将视频嵌入网页的标准方式。

在网页中插入 HTML5 Video 的具体操作步骤如下。

（1）在文档窗口的"设计"视图中，将插入点放置在想要插入视频的位置。

（2）通过以下几种方法启用"HTML5 Video"命令。

① 在"插入"面板的"HTML"选项卡中，单击"HTML5 Video"按钮 🔳。

② 选择"插入 > HTML > HTML5 Video"命令。

③ 按 Ctrl+Shift+Alt+V 组合键。

（3）在页面中插入一个内部带有视频图标的矩形块，如图 3-30 所示。选中该图形，在"属性"面板中单击"源"选项右侧的"浏览"按钮📁，在弹出的"选择视频"对话框中选择视频文件，如图 3-31 所示。单击"确定"按钮，完成视频文件的选择，"属性"面板如图 3-32 所示。

图 3-30

图 3-31

图 3-32

（4）保存文档，按 F12 键预览效果，如图 3-33 所示。

3.2.6　插入音频

1．插入背景音乐

HTML 中提供了背景音乐标签< bgsound >，该标签可以为网页插入背景音乐。

在网页中插入背景音乐的具体操作步骤如下。

（1）新建一个空白文档并将其保存。单击"文档"工具

图 3-33

栏中的"代码"按钮 代码，进入"代码"视图窗口。将光标置于<body>和</body>标签之间。

（2）在光标所在的位置输入"<b"，弹出代码提示菜单，单击"bgsound"选项，如图 3-34 所示，选择背景音乐代码，如图 3-35 所示。

图 3-34   图 3-35

（3）按空格键，弹出代码提示菜单，单击"src"选项，如图 3-36 所示，在弹出的菜单中选择需要的音乐文件，如图 3-37 所示。

图 3-36   图 3-37

（4）音乐文件选好后，按空格键，添加其他属性，如图 3-38 所示。输入">"，自动生成结束代码，如图 3-39 所示。

图 3-38   图 3-39

（5）保存文档，按 F12 键在浏览器中预听背景音乐。

 提示　在网页中使用的音频主要有 MID、WAV、AIF、MP3 等格式。

2. 插入音乐

插入音乐和插入背景音乐的效果不同，插入音乐可以在页面中看到播放器的外观，包括播放、暂停、定位和音量等按钮。

在网页中插入音乐的具体操作步骤如下。

（1）在文档窗口的"设计"视图中，将插入点放置在想要插入音乐的位置。

（2）通过以下几种方法插入音乐。

① 在"插入"面板的"HTML"选项卡中，单击"HTML5 Audio"按钮 ◀ 。

② 选择"插入 > HTML > HTML5 Audio"命令。

（3）在页面中插入一个内部带有小喇叭图标的矩形块，如图 3-40 所示。选中该图形，在"属性"面板中单击"源"选项右侧的"浏览"按钮，在弹出的"选择音频"对话框中选择音频文件，如图 3-41 所示。单击"确定"按钮，完成音频文件的选择，"属性"面板如图 3-42 所示。

图 3-40

图 3-41

图 3-42

（4）保存文档，按 F12 键预览效果，如图 3-43 所示。

图 3-43

3. 嵌入音乐

上面我们介绍了插入背景音乐及插入音乐，下面我们来讲解一下嵌入音乐。嵌入音乐和插入音乐相同，只不过嵌入音乐的播放器外观要比插入音乐的播放器外观多几个按钮。

在网页中嵌入音乐的具体操作步骤如下。

（1）在文档窗口的"设计"视图中，将插入点放置在想要嵌入音乐的位置。

（2）通过以下几种方法嵌入音乐。

① 在"插入"面板的"HTML"选项卡中，单击"插件"按钮 ✦。

② 选择"插入 > HTML > 插件"命令。

（3）在弹出的"选择文件"对话框中选择音频文件，如图 3-44 所示，单击"确定"按钮，在文档窗口中会出现一个内部带有雪花图标的矩形块，如图 3-45 所示。保持图形的被选中状态，在"属性"面板中进行设置，如图 3-46 所示。

图 3-44

图 3-45

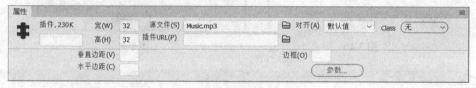

图 3-46

（4）保存文档，按 F12 键预览效果，如图 3-47 所示。

图 3-47

3.2.7　插入插件

利用"插件"命令，可以在网页中插入 AVI、MPG、MOV、MP4 等格式的视频文件，还可以插入音频文件。

在网页中插入插件的具体操作步骤如下。

（1）在文档窗口的"设计"视图中，将插入点放置在想要插入插件的位置。

（2）通过以下几种方法启用"插件"命令，插入插件。

① 在"插入"面板的"HTML"选项卡中，单击"插件"按钮 ✚。

② 选择"插入 > HTML > 插件"命令。

课堂练习——纸杯蛋糕网页

【练习知识要点】使用"Image"按钮插入装饰图像，如图 3-48 所示。

【素材所在位置】学习资源 > Ch03 > 素材 > 纸杯蛋糕网页 > index.html。

【效果所在位置】学习资源 > Ch03 > 效果 > 纸杯蛋糕网页 > index.html。

图 3-48

课后习题——五谷杂粮网页

【习题知识要点】使用"Flash SWF"按钮插入 Flash 动画，如图 3-49 所示。

【素材所在位置】学习资源 > Ch03 > 素材 > 五谷杂粮网页 > index.html。

【效果所在位置】学习资源 > Ch03 > 效果 > 五谷杂粮网页 > index.html。

图 3-49

第**4**章 超链接

本章介绍

网络中的每个网页都是通过超链接的形式关联在一起的，超链接是网页中最重要、最根本的元素之一。浏览者可以通过鼠标单击网页中的某个元素，轻松地实现网页之间的转换和下载文件、收发邮件等。要实现超链接，还要了解链接路径的知识。本章将对超链接进行具体的讲解。

学习目标

- 掌握超链接的概念与路径知识
- 掌握文本链接、下载文件链接、电子邮件链接的创建方法
- 掌握图片链接、鼠标经过图像链接的创建方法
- 掌握热点链接、ID 链接的创建方法

技能目标

- 掌握创意设计网页的制作方法
- 掌握温泉度假网页的制作方法
- 掌握建筑规划网页的制作方法
- 掌握金融投资网页的制作方法

4.1 超链接的知识

超链接的主要作用是将物理上无序的内容组成一个有机的统一体。超链接对象上存放某个网页文件的地址，以便用户打开相应的网页文件。在浏览网页时，当用户将鼠标指针移到文字或图像上时，鼠标指针会改变形状或颜色，这就是在提示浏览者：此对象为链接对象。用户只需单击这些链接对象，就可完成打开链接的网页、下载文件、打开邮件工具收发邮件等操作。

4.2 文本链接

文本链接是以文本为链接对象的一种常用的链接方式。作为链接对象的文本带有标识性，它标识链接网页的主要内容或主题。

4.2.1 课堂案例——创意设计网页

【案例学习目标】使用"插入"面板中的"HTML"选项卡制作电子邮件链接，使用"属性"面板为文字制作下载文件链接。

【案例知识要点】使用"电子邮件链接"按钮制作电子邮件链接，使用"属性"面板为文字制作下载文件链接，如图 4-1 所示。

【效果所在位置】学习资源 > Ch04 > 效果 > 创意设计网页 > index.html。

图 4-1

1. 制作电子邮件链接

（1）选择"文件 > 打开"命令，在弹出的"打开"对话框中选择本书学习资源中的"Ch04 > 素材 > 创意设计网页 > index.html"文件，单击"打开"按钮打开文件，如图 4-2 所示。

（2）选中文字"xjg_peng@163.com"，如图 4-3 所示。在"插入"面板的"HTML"选项卡中单击"电子邮件链接"按钮 ✉，在弹出的"电子邮件链接"对话框中进行设置，如图 4-4 所示，单击"确定"按钮，文字的下方出现下划线，如图 4-5 所示。

图 4-2

图 4-3

图 4-4

图 4-5

（3）选择"文件 > 页面属性"命令，弹出"页面属性"对话框，在左侧的"分类"列表中选择"链接（CSS）"选项，将"链接颜色"和"已访问链接"均设为红色（#F00），"变换图像链接"和"活动链接"均设为白色，在"下划线样式"下拉列表中选择"始终有下划线"，如图 4-6 所示，单击"确定"按钮，文字效果如图 4-7 所示。

图 4-6

图 4-7

2. 制作下载文件链接

（1）选中文字"下载主题"，如图 4-8 所示。在"属性"面板中单击"链接"选项右侧的"浏览文件"按钮 📂，在弹出的"选择文件"对话框中选择本书学习资源中的"Ch04 > 素材 > 创意设计网页 > images > Tpl.rar"文件，如图 4-9 所示，单击"确定"按钮，将"Tpl.rar"文件链接到文本框中，在"目标"下拉列表中选择"_blank"，如图 4-10 所示。

图 4-8   图 4-9

图 4-10

（2）保存文档，按 F12 键预览效果。单击插入的 E-mail 链接"xjg_peng@163.com"，效果如图 4-11 所示。单击"下载主题"，将弹出提示条，根据提示进行操作，如图 4-12 所示。

图 4-11   图 4-12

4.2.2　创建文本链接

创建文本链接的方法非常简单，主要是在链接文本的"属性"面板中指定链接文件。指定链接文件的方法有 3 种。

1．直接输入要链接的文件的路径

在文档窗口中选中要作为链接对象的文本，选择"窗口 > 属性"命令，弹出"属性"面板。在"链接"文本框中直接输入要链接的文件的路径，如图 4-13 所示。

图 4-13

要链接到本地站点中的一个文件，直接输入文件相对路径或站点根目录相对路径；要链接到本地站点以外的文件，直接输入绝对路径。

2. 使用"浏览文件"按钮

在文档窗口中选中作为链接对象的文本，在"属性"面板中单击"链接"选项右侧的"浏览文件"按钮，弹出"选择文件"对话框。选择要链接的文件，在"相对于"下拉列表中选择"文档"选项，如图 4-14 所示，单击"确定"按钮。

图 4-14

提示 "相对于"下拉列表中有两个选项。选择"文档"选项，表示使用文件相对路径来链接；选择"站点根目录"选项，表示使用站点根目录相对路径来链接。

技巧 一般要链接本地站点中的一个文件时，最好不要使用绝对路径，因为如果移动文件，文件所有的绝对路径都将被打断，就会造成链接错误。

3. 使用"指向文件"图标

使用"指向文件"图标⊕，可以快捷地指定站点窗口内的要链接的文件，或指定另一个打开的文件中命名锚点的链接。

在文档窗口中选中要作为链接对象的文本，在"属性"面板中拖曳"指向文件"图标⊕指向右侧站点窗口内的文件，如图 4-15 所示。松开鼠标左键，"链接"选项被更新并显示出所建立的链接。

当链接完文件后，"属性"面板中的"目标"选项变为可用，其下拉列表中各选项的作用如下。

"_blank"选项：将链接的文件加载到未命名的新浏览器窗口中。

"new"选项：将链接的文件加载到名为"链接文件名称"的浏览器窗口中。

"_parent"选项：将链接的文件加载到包含该链接的父框架集或窗口中。如果包含链接的框架不是嵌套的，则将链接的文件加载到整个浏览器窗口中。

"_self"选项：将链接的文件加载到链接所在的框架或窗口中。此目标是默认的，因此通常不需要指定它。

"_top"选项：将链接的文件加载到整个浏览器窗口中，并删除所有框架。

图 4-15

4.2.3　文本链接的状态

一个未被访问过的链接与一个被访问过的链接在形式上是有区别的，以提示浏览者链接所指向的网页是否被看过。下面讲解如何设置文本链接状态，具体操作步骤如下。

（1）选择"文件 > 页面属性"命令，弹出"页面属性"对话框，如图 4-16 所示。

图 4-16

（2）在对话框中设置文本的链接状态。在左侧的"分类"列表中选择"链接（CSS）"选项，单击"链接颜色"选项右侧的▢图标，在弹出的拾色器对话框中选择一种颜色，来设置链接的文字颜色。

单击"变换图像链接"选项右侧的▢图标，在弹出的拾色器对话框中选择一种颜色，来设置鼠标指针经过链接时的文字颜色。

单击"已访问链接"选项右侧的 ▢ 图标，在弹出的拾色器对话框中选择一种颜色，来设置访问过的链接的文字颜色。

单击"活动链接"选项右侧的 ▢ 图标，在弹出的拾色器对话框中选择一种颜色，来设置活动的链接的文字颜色。

在"下划线样式"下拉列表中设置链接的文字是否加下划线，如图 4-17 所示。

图 4-17

4.2.4　下载文件链接

浏览网站的目的往往是查找并下载资料，下载文件可利用下载文件链接来实现。建立下载文件链接的步骤与创建文字链接的相同，区别在于所链接的文件不是网页文件而是其他文件，如 EXE、ZIP 等文件。

建立下载文件链接的具体操作步骤如下。

（1）在文档窗口中选择需添加下载文件链接的网页对象。

（2）在"链接"文本框中指定链接文件，详细内容参见 4.2.2 小节。

（3）按 F12 键预览网页。

4.2.5　电子邮件链接

网页只能作为单向传播的工具，将网站的信息传给浏览者，但网站建立者需要接收浏览者的反馈信息，一种有效的方式是让浏览者给网站发送 E-mail，在网页制作中使用电子邮件链接就可以实现。

每当浏览者单击包含电子邮件链接的网页对象时，就会打开邮件处理工具（如微软的 Outlook Express），并且自动将收信人地址设为网站建立者的邮箱地址，方便浏览者给网站发送反馈信息。

1．利用"属性"面板建立电子邮件链接

（1）在文档窗口中选择对象，一般是文字，如"请联系我们"。

（2）在"链接"文本框中输入"mailto"网址。例如，网站管理者的 E-mail 地址是 xjg_peng@163.com，则在"链接"文本框中输入"mailto: xjg_peng@163.com"，如图 4-18 所示。

图 4-18

2. 利用"电子邮件链接"对话框建立电子邮件链接

（1）在文档窗口中选择需要添加电子邮件链接的网页对象。

（2）通过以下几种方法打开"电子邮件链接"对话框。

① 选择"插入 > HTML > 电子邮件链接"命令。

② 单击"插入"面板"HTML"选项卡中的"电子邮件链接"按钮 ✉。

在"文本"文本框中输入要在网页中显示的链接文字，并在"电子邮件"文本框中输入完整的邮箱地址，如图 4-19 所示。

图 4-19

（3）单击"确定"按钮，完成电子邮件链接的创建。

4.3 图像链接

所谓图像链接就是以图像作为链接对象。当用户单击该图像时打开链接的网页或文档。

4.3.1 课堂案例——温泉度假网页

【案例学习目标】使用"插入"面板中的"HTML"选项卡为网页添加导航，使用"属性"面板制作超链接。

【案例知识要点】使用"鼠标经过图像"按钮为网页添加导航，使用"链接"选项制作超链接，如图 4-20所示。

【效果所在位置】学习资源 > Ch04 > 效果 >温泉度假网页 > index.html。

图 4-20

1. 为网页添加导航

（1）选择"文件 > 打开"命令，在弹出的"打开"对话框中选择本书学习资源中的"Ch04 > 素材 > 温泉度假网页 > index.html"文件，单击"打开"按钮打开文件，如图 4-21 所示。将光标置入图 4-22 所示的单元格。

图 4-21   图 4-22

（2）单击"插入"面板"HTML"选项卡中的"鼠标经过图像"按钮，弹出"插入鼠标经过图像"对话框，单击"原始图像"选项右侧的"浏览…"按钮，弹出"原始图像"对话框，选择本书学习资源中的"Ch04 > 素材 > 温泉度假网页 > images > ye-a.jpg"文件，单击"确定"按钮，效果如图4-23 所示。

（3）单击"鼠标经过图像"选项右侧的"浏览…"按钮，弹出"鼠标经过图像"对话框，选择本书学习资源中的"Ch04 > 素材 > 温泉度假网页 > images > ye-b.jpg"文件，单击"确定"按钮，效果如图 4-24 所示。单击"确定"按钮，文档效果如图 4-25 所示。

图 4-23   图 4-24

图 4-25

（4）用相同的方法为其他单元格插入原始图像和鼠标指针经过时的图像，效果如图 4-26 所示。

图 4-26

2．为图片添加链接

（1）选择"联系我们"图片，如图 4-27 所示。在"属性"面板"链接"选项右侧的文本框中输入网站地址"mailto:xjg_peng@163.com"，在"目标"选项的下拉列表中选择"_blank"，如图 4-28 所示。

图 4-27　　　　　　　　　　　　　　　　　　图 4-28

（2）保存文档，按 F12 键预览效果，如图 4-29 所示。把鼠标指针移动到菜单上时，图像发生变化，效果如图 4-30 所示。

图 4-29　　　　　　　　　　　　　　　　　　图 4-30

（3）单击"联系我们"文字，效果如图 4-31 所示。

4.3.2　创建图像链接

建立图像链接的操作步骤如下。

（1）在文档窗口中选择图像。

（2）在"属性"面板中，单击"链接"选项右侧的"浏览文件"按钮 ，为图像添加文件相对路径的链接。

（3）在"替换"选项中可输入替代文字。设置替代文字后，当图片不能下载时，会在图片的位置显示替代文字；当浏览者将鼠标指针指向图像时也会显示替代文字。

（4）按 F12 键预览网页的效果。

图 4-31

提示

图像链接不像文本链接那样会发生许多提示性的变化，只有当鼠标指针经过图像时指针才呈现手形。

4.3.3 鼠标经过图像链接

鼠标经过图像链接是一种常用的互动技术，当鼠标指针经过图像时，图像会随之发生变化。一般来说，鼠标经过图像链接由两张大小相等的图像组成，一张称为主图像，另一张称为次图像。主图像是首次载入网页时显示的图像，次图像是当鼠标指针经过时更换的另一张图像。鼠标经过图像链接经常应用于网页中的按钮上。

建立鼠标经过图像链接的具体操作步骤如下。

（1）在文档窗口中将光标放置在需要添加图像的位置。

（2）通过以下几种方法打开"插入鼠标经过图像"对话框，如图 4-32 所示。

① 选择"插入 > HTML > 鼠标经过图像"命令。

② 在"插入"面板的"HTML"选项卡中，单击"鼠标经过图像"按钮 。

"插入鼠标经过图像"对话框中各选项的作用如下。

"图像名称"选项：设置鼠标指针经过图像对象时显示的名称。

图 4-32

"原始图像"选项：设置载入网页时显示的图像文件的路径。

"鼠标经过图像"选项：设置在鼠标指针滑过原始图像时显示的图像文件的路径。

"预载鼠标经过图像"选项：若希望图像预先载入浏览器的缓存，在用户将鼠标指针滑过图像时不发生延迟，则选择此复选框。

"替换文本"选项：设置替换文本的内容。设置后，在浏览器中，当图片不能下载时，会在图片位置显示替代文字；当浏览者将鼠标指针指向图像时会显示替代文字。

"按下时，前往的 URL"选项：设置跳转到的网页文件的路径，当浏览者单击图像时打开此网页。

（3）在对话框中按照需要设置选项，然后单击"确定"按钮完成设置。按 F12 键预览网页。

4.4 热点链接

前面介绍的图片链接是一张图只能对应一个链接，但有时需要在图上创建多个链接来打开不同的网页，Dreamweaver CC 2018 为网站设计者提供的热点链接功能就能解决这个问题。

4.4.1 课堂案例——建筑规划网页

【案例学习目标】使用热点工具制作图像链接。

【案例知识要点】使用热点工具为图像添加热点，使用"属性"面板为热点创建超链接，如图 4-33 所示。

【效果所在位置】学习资源 > Ch04 > 效果 > 建筑规划网页 > index.html。

图 4-33

（1）选择"文件 > 打开"命令，在弹出的"打开"对话框中选择本书学习资源中的"Ch04 > 素材 > 建筑规划网页 > index.html"文件，单击"打开"按钮打开文件，效果如图 4-34 所示。选中图 4-35 所示的图像。

图 4-34　　　　　　　　　　　　　　　　　图 4-35

（2）在"属性"面板中选择"矩形热点工具"□，在文档窗口中绘制矩形热点，如图 4-36 所示。在"属性"面板的"链接"文本框中输入"index.html"，在"目标"下拉列表中选择"_blank"选项，在"替换"文本框中输入"区位交通"，如图 4-37 所示。

图 4-36　　　　　　　　　　　　　　　　　图 4-37

（3）再次在文档窗口中绘制矩形热点，如图 4-38 所示。在"属性"面板的"链接"文本框中输入"page.html"，在"目标"下拉列表中选择"_blank"选项，在"替换"文本框中输入"建筑规划"，如图 4-39 所示。

图 4-38　　　　　　　　　　　　　　　　　图 4-39

（4）保存文档，按 F12 键预览效果，将鼠标指针放置在热点图形上，鼠标指针变为手形，如图 4-40 所示。单击热点可以跳转到指定的链接页面，效果如图 4-41 所示。

图 4-40

图 4-41

4.4.2　创建热点链接

创建热点链接的具体操作步骤如下。

（1）选取一张图片，在"属性"面板的"地图"选项下方选择热点创建工具，如图 4-42 所示。

图 4-42

各工具的作用如下。

"指针热点工具" ▶：用于选择不同的热点。

"矩形热点工具" ☐：用于创建矩形热点。

"圆形热点工具" ○：用于创建圆形热点。

"多边形热点工具" ▽：用于创建多边形热点。

（2）利用"矩形热点工具" ☐、"圆形热点工具" ○、"多边形热点工具" ▽、"指针热点工具" ▶ 在图片上建立相应形状的热点或选择热点。

将鼠标指针放在图片上，当鼠标指针变为"+"形时，在图片上拖曳出相应形状的蓝色热点。如果图片上有多个热点，可通过"指针热点工具" ▶ 选择不同的热点，并通过热点的控制点调整热点的大小。例如，利用"圆形热点工具" ○，在如图 4-43 所示的区域建立多个圆形链接热点。

图 4-43

（3）此时，对应的"属性"面板如图 4-44 所示。在"链接"文本框中输入要链接的网页地址，在"替换"文本框中输入当鼠标指针指向热点时所显示的替代文字，详细内容参见 4.3.2 小节。通过热点，用户可以在图片的任何地方做链接。反复操作，就可以在一张图片上划分很多热点，并为每一个热点设置一个链接，从而实现在一张图片上单击鼠标左键链接到不同页面的效果。

图 4-44

（4）按 F12 键预览网页的效果，如图 4-45 所示。

图 4-45

4.5 ID 链接

使用 ID 链接可以在 HTML 5 中实现 HTML 4.01 中的锚点链接效果，也就是跳转到页面中的某个位置。

4.5.1 课堂案例——金融投资网页

【案例学习目标】使用"属性"面板制作超链接。

【案例知识要点】使用"属性"面板创建 ID 标记，使用"链接"选项制作超链接，如图 4-46 所示。

【效果所在位置】学习资源 > Ch04 > 效果 > 金融投资网页 > index.html。

1. 制作从文档底部移动到顶部的 ID 链接

（1）选择"文件 > 打开"命令，在弹出的"打开"对话框中选择本书学习资源中的"Ch04 > 素材 > 金融投资网页 > index.html"文件，单击"打开"按钮打开文件，如图 4-47 所示。

图 4-46

图 4-47

（2）将光标置入图 4-48 所示的单元格。在"属性"面板的"ID"文本框中输入"top"，如图 4-49 所示，为单元格创建 ID 标记。

图 4-48　　　　　　　　　　　　　　　图 4-49

（3）将光标置入图 4-50 所示的单元格，单击"插入"面板"HTML"选项卡中的"Image"按钮 🖼，在弹出的"选择图像源文件"对话框中选择本书学习资源中的"Ch04 ＞ 素材 ＞ 金融投资网页 ＞ images ＞ an.png"文件，单击"确定"按钮完成图片的插入，效果如图 4-51 所示。

图 4-50　　　　　　　　　　　　　　　图 4-51

（4）保持插入图像的被选中状态，在"属性"面板的"链接"文本框中输入"#top"，如图 4-52 所示。

图 4-52

（5）保存文档，按 F12 键预览效果，将页面滚动到底部，单击底部图像，如图 4-53 所示，从网页文档的底部瞬间移动到 ID 标记所在位置，如图 4-54 所示。

图 4-53

图 4-54

2．使用 ID 移至其他网页的指定位置

（1）选择"文件 > 打开"命令，在弹出的"打开"对话框中选择本书学习资源中的"Ch04 > 素材 > 金融投资网页 > page.html"文件，单击"打开"按钮打开文件，如图 4-55 所示。

图 4-55

（2）将光标置入图 4-56 所示的单元格。在"属性"面板的"ID"文本框中输入"top1"，如图 4-57 所示，为单元格创建 ID 标记。

图 4-56

图 4-57

（3）选择"文件 > 保存"命令，将文档保存。切换到"index.html"文档窗口中，如图 4-58 所示。选中图 4-59 所示的图片。

图 4-58

图 4-59

（4）在"属性"面板的"链接"文本框中输入"page.html#top1"，如图 4-60 所示。

图 4-60

（5）保存文档，按 F12 键预览效果，单击网页底部的图像，如图 4-61 所示，页面将自动跳转到"page.html"并移动到插入 ID 标记的位置，如图 4-62 所示。

图 4-61

图 4-62

4.5.2　创建 ID 链接

若网页的内容很长，为了寻找一个主题，浏览者往往需要拖曳滚动条进行查看，非常不方便。Dreamweaver CC 2018 提供了 ID 链接功能，可快速定位到网页的不同位置。

1．创建 ID 标记

（1）打开要加入 ID 标记的网页。

（2）将光标移到某一个主题内容处。

（3）在"属性"面板"ID"选项文本框中输入名称（如"top"），如图 4-63 所示，建立 ID 标记。

图 4-63

2．建立 ID 链接

（1）选择链接对象，如某主题文字。

（2）在"属性"面板的"链接"选项中直接输入"#ID 名称"（如"#top"），如图 4-64 所示。

（3）按 F12 键预览网页的效果。

图 4-64

71

课堂练习——摩托车改装网页

【练习知识要点】使用"电子邮件链接"命令制作电子邮件链接，使用"浏览文件"按钮为文字制作下载文件链接，如图 4-65 所示。

【素材所在位置】学习资源 > Ch04 > 素材 > 摩托车改装网页 > index.html。

【效果所在位置】学习资源 > Ch04 > 效果 > 摩托车改装网页 > index.html。

图 4-65

课后习题——狮立地板网页

【习题知识要点】使用"鼠标经过图像"按钮为网页添加导航，使用"链接"选项制作超链接，如图 4-66 所示。

【素材所在位置】学习资源 > Ch04 > 素材 > 狮立地板网页 > index.html。

【效果所在位置】学习资源 > Ch04 > 效果 > 狮立地板网页 > index.html。

图 4-66

第**5**章 表格

本章介绍

表格是网页设计中一个非常有用的工具，它不仅可以将相关数据有序地排列在一起，还可以精确地确定文字、图像等网页元素在页面中的位置，使得页面在形式上丰富多彩又条理清楚，在组织上井然有序而不显单调。使用表格进行页面布局的最大好处是，即使浏览者改变计算机的分辨率也不会影响网页的浏览效果。因此，表格是网站设计人员必须掌握的工具。表格运用得是否熟练，是划分专业制作人士和业余爱好者的一个重要标准。

学习目标

- 掌握表格的组成
- 掌握表格的插入方法
- 掌握表格、单元格、行和列属性的设置
- 掌握在单元格中输入文字、插入其他网页元素的方法
- 掌握选择整个表格、行、列、单元格的方法
- 掌握复制、剪切、粘贴单元格的方法
- 掌握删除表格内容、行和列，调整表格的大小的方法
- 掌握单元格的合并和单元格的拆分方法
- 掌握导出、导入表格数据和对表格进行排序的方法

技能目标

- 掌握信用卡网页的制作方法
- 掌握典藏博物馆网页的制作方法

5.1 表格的简单操作

表格由若干行和列组成，行列交叉的区域为单元格。一般以单元格为单位来插入网页元素，也可以以行和列为单位来修改性质相同的单元格。此处表格的功能和使用方法与文字处理软件的表格不太一样。

5.1.1 课堂案例——信用卡网页

【案例学习目标】使用"插入"面板"HTML"选项卡中的按钮制作网页，使用"属性"面板设置文档，使页面更加美观。

【案例知识要点】使用"Table"按钮插入表格，使用"Image"按钮插入图像，使用"CSS 设计器"面板为单元格添加背景图像及控制文字大小、颜色，如图 5-1 所示。

【效果所在位置】学习资源 > Ch05 > 效果 > 信用卡网页 > index.html。

图 5-1

1. 设置页面属性并插入表格

（1）启动 Dreamweaver CC 2018，新建一个空白文档。新建页面的初始名称为"Untitled-1.html"。选择"文件 > 保存"命令，弹出"另存为"对话框，在"保存在"选项的下拉列表中选择站点目录保存路径，在"文件名"文本框中输入"index"，单击"保存"按钮，返回编辑窗口。

（2）选择"文件 > 页面属性"命令，弹出"页面属性"对话框，在左侧的"分类"列表中选择"外观（CSS）"选项，将"页面字体"设为"微软雅黑"，"大小"设为 12 px，"文本颜色"设为白色，"左边距""右边距""上边距"和"下边距"均设为 0 px，如图 5-2 所示。

（3）在左侧的"分类"列表中选择"标题/编码"选项，在"标题"文本框中输入"信用卡网页"，如图 5-3 所示。单击"确定"按钮，完成页面属性的修改。

图 5-2

图 5-3

（4）单击"插入"面板"HTML"选项卡中的"Table"按钮 ▦ ，在弹出的"Table"对话框中进行设置，如图 5-4 所示。单击"确定"按钮，完成表格的插入。保持表格的选中状态，在"属性"面板的"Align"下拉列表中选择"居中对齐"选项，效果如图 5-5 所示。

图 5-4

图 5-5

2．制作导航条

（1）将光标置入第 1 行单元格，在"属性"面板的"水平"下拉列表中选择"居中对齐"选项，将"高"设为 40，"背景颜色"设为黑色，效果如图 5-6 所示。

图 5-6

（2）单击"插入"面板"HTML"选项卡中的"Table"按钮 ▦ ，弹出"表格"对话框，将"行数"设为 1，"列"设为 2，"表格宽度"设为 1 000，在右侧的下拉列表中选择"像素"选项，"边框粗细"设为 0 像素，"单元格边距"和"单元格间距"均设为 0，单击"确定"按钮，完成表格的插入，效果如图 5-7 所示。

图 5-7

（3）将光标置入刚插入表格的第 1 列单元格，在"属性"面板的"水平"下拉列表中选择"左对齐"选项。单击"插入"面板"HTML"选项卡中的"Image"按钮 ▣ ，在弹出的"选择图像源文件"对话框中选择本书学习资源中的"Ch05 > 素材 > 信用卡网页 > images > tp_1.png"文件，单击"确定"按钮完成图片的插入，效果如图 5-8 所示。

（4）用相同的方法分别将本书学习资源中的"Ch05 > 素材 > 信用卡网页 > images"文件夹中的 tp_2.png、tp_3.png、tp_4.png、tp_5.png 和 tp_6.png 文件插入该单元格，效果如图 5-9 所示。

图 5-8　　　　　　　　图 5-9

（5）选择"窗口 > CSS 设计器"命令，弹出"CSS 设计器"面板。选中"源"选项组中的"<style>"选项，单击"选择器"选项组中的"添加选择器"按钮 ✚ ，在新增的文本框中输入".pic"，如图 5-10

所示，按 Enter 键确认文字的输入。在"属性"选项组的"添加属性"文本框中输入"margin-right"，在"值"文本框中输入"20 px"，如图 5-11 所示。用相同的方法添加其他属性，如图 5-12 所示。

图 5-10　　　　　　　　　　图 5-11　　　　　　　　　　图 5-12

（6）选中图 5-13 所示的图像，在"属性"面板的"类"下拉列表中选择"pic"选项，应用样式，效果如图 5-14 所示。用相同的方法为图像 tp_4.png 和 tp_6.png 应用"pic"样式，效果如图 5-15 所示。

图 5-13　　　　　　　　　　图 5-14　　　　　　　　　　图 5-15

（7）将光标置入第 2 列单元格，在"属性"面板的"水平"下拉列表中选择"右对齐"选项。在单元格中输入文字和空格，效果如图 5-16 所示。

图 5-16

3. 制作内容及底部区域

（1）选中主体表格的第 2 行和第 3 行单元格，在"属性"面板的"水平"下拉列表中选择"居中对齐"选项，将"背景颜色"设为黄色（#f8ecc7），效果如图 5-17 所示。

图 5-17

（2）在"CSS 设计器"面板中单击"选择器"选项组中的"添加选择器"按钮 ✚，在新增的文本框中输入".bj"，如图 5-18 所示，按 Enter 键确认文字的输入。将光标置入第 2 行单元格，在"属性"面板的"目标规则"下拉列表中选择".bj"选项，在"垂直"下拉列表中选择"顶端"选项，将"高"设为 800，如图 5-19 所示。

图 5-18

图 5-19

（3）单击"属性"面板中的"编辑规则"按钮，弹出".bj 的 CSS 规则定义"对话框，在左侧的"分类"列表中选择"背景"选项，单击"Background-image"选项右侧的"浏览…"按钮，在弹出的"选择图像源文件"对话框中选择本书学习资源中的"Ch05 > 素材 > 信用卡网页 > images > bj.png"文件，单击"确定"按钮，返回".bj 的 CSS 规则定义"对话框，其他选项的设置如图 5-20 所示，单击"确定"按钮，完成样式的修改，效果如图 5-21 所示。

图 5-20

图 5-21

（4）在该单元格中插入一个 4 行 1 列、宽为 1 000 像素的表格。将光标置入刚插入表格的第 1 行单元格，在"属性"面板中将"高"设为400。将光标置入第2行单元格，在"属性"面板的"水平"下拉列表中选择"居中对齐"选项，将"高"设为120。在单元格中输入文字，效果如图5-22所示。

图 5-22

（5）在"CSS设计器"面板中单击"选择器"选项组中的"添加选择器"按钮 ✚，在新增的文本框中输入".text"，按Enter键确认文字的输入。选中图5-23所示的文字，在"属性"面板的"目标规则"下拉列表中选择".text"选项，应用样式。

图 5-23

（6）单击"属性"面板中的"编辑规则"按钮，在弹出的".text的CSS规则定义"对话框中进行设置，如图5-24所示。单击"确定"按钮，完成样式的修改，效果如图5-25所示。

图 5-24

图 5-25

（7）将光标置入第3行单元格，在"属性"面板的"水平"下拉列表中选择"居中对齐"选项，在"垂直"下拉列表中选择"顶端"选项，将"高"设为140。将本书学习资源中的"Ch05 > 素材 >

信用卡网页 > images"文件夹中的 pic_1.png、pic_2.png 和 pic_3.png 文件插入该单元格,效果如图 5-26 所示。

图 5-26

（8）在"CSS 设计器"面板中单击"选择器"选项组中的"添加选择器"按钮➕,在新增的文本框中输入".pic01",如图 5-27 所示,按 Enter 键确认文字的输入。在"属性"选项组"添加属性"文本框中输入"margin-right",在"值"文本框中输入"60 px",如图 5-28 所示。用相同的方法添加其他属性,如图 5-29 所示。

图 5-27　　　　　　　　　图 5-28　　　　　　　　　图 5-29

（9）选中图 5-30 所示的图片,在"属性"面板的"类"下拉列表中选择"pic01"选项,应用样式,效果如图 5-31 所示。

图 5-30

图 5-31

（10）将光标置入第 4 行单元格，在"属性"面板的"水平"下拉列表中选择"居中对齐"选项。将本书学习资源中的"Ch05 > 素材 > 信用卡网页 > images"文件夹中的 an_1.png 和 an_.png 文件插入该单元格，并在两个图片之间输入空格，效果如图 5-32 所示。

图 5-32

（11）在"CSS 设计器"面板中单击"选择器"选项组中的"添加选择器"按钮 ✚，在新增的文本框中输入".text01"，如图 5-33 所示，按 Enter 键确认文字的输入。在"属性"选项组"添加属性"文本框中输入"color"，在"值"文本框中输入"#000"，如图 5-34 所示。

图 5-33　　　　　　　　　　　　　图 5-34

（12）将光标置入主体表格的第 3 行单元格，在"属性"面板的"类"下拉列表中选择"text01"选项，将"高"设为 50。在该单元格中输入文字和空格，效果如图 5-35 所示。

图 5-35

（13）保存文档，按 F12 键预览效果，如图 5-36 所示。

图 5-36

5.1.2　表格的组成

表格中包含行、列、单元格、表格标题等元素，如图 5-37 所示。

图 5-37

表格元素所对应的 HTML 标签如下。

<table>和</table>：标记表格的开始和结束。通过设置它的常用参数，可以指定表格的高度、宽度、框线的宽度、背景图像、背景颜色、单元格间距、单元格边界和内容的距离，以及表格相对于页面的对齐方式。

<tr>和</tr>：标记表格的行。通过设置它的常用参数，可以指定行的背景图像、行的背景颜色、行的对齐方式。

<td>和</td>：标记单元格内的数据。通过设置它的常用参数，可以指定列的对齐方式、列的背景图像、列的背景颜色、列的宽度、单元格垂直对齐方式等。

<caption>和</caption>：标记表格的标题。

<th>和</th>：标记表格的列名。

虽然 Dreamweaver CC 2018 允许用户在"设计"视图中直接操作行、列和单元格，但对于复杂的表格，就无法通过鼠标选择用户所需要的对象，所以对于网站设计者来说，必须了解表格元素的 HTML 标签的基本内容。

当选定了表格或表格中有插入点时，Dreamweaver CC 2018 会显示表格的宽度和每列的宽度。宽度值旁边是表格菜单与列菜单的下拉按钮，如图 5-38 所示。

图 5-38

用户可以根据需要显示或隐藏表格和列的宽度，显示或隐藏表格和列的宽度有以下几种方法。

① 选定表格或在表格中设置插入点，然后选择"查看 > 设计视图选项 > 可视化助理 > 表格宽度"命令。

② 用鼠标右键单击表格，在弹出的菜单中选择"表格 > 表格宽度"命令。

5.1.3 插入表格

要将相关数据有序地组织在一起，必须先插入表格。

插入表格的具体操作步骤如下。

（1）在"文档"窗口中，将插入点放置到合适的位置。

（2）通过以下几种方法打开"Table"对话框，如图 5-39 所示。

① 选择"插入 > Table"命令。

② 选择"插入 > HTML > Table"命令。

③ 单击"插入"面板"HTML"选项卡中的"Table"按钮 ▦。

④ 按 Ctrl+Alt+T 组合键。

图 5-39

对话框中各选项的作用如下。

"行数"选项：设置表格的行数。

"列"选项：设置表格的列数。

"表格宽度"选项：以像素为单位或以浏览器窗口宽度的百分比设置表格的宽度。

"边框粗细"选项：以像素为单位设置表格边框的宽度。对于大多数浏览器来说，此选项值设置为 1。如果用表格进行页面布局，则将此选项值设置为 0，浏览网页时不显示表格的边框。

"单元格边距"选项：设置单元格边框与单元格内容之间的像素数。对于大多数浏览器来说，此选项的值设置为 1。如果用表格进行页面布局，则将此选项值设置为 0，浏览网页时单元格边框与内容间距为 0。

"单元格间距"选项：设置相邻的单元格之间的距离，以像素为单位。对于大多数浏览器来说，此选项的值设置为 2。如果用表格进行页面布局，则将此选项值设置为 0，浏览网页时单元格间距为 0。

"标题"选项：设置表格标题，它显示在表格的外面。

"摘要"选项：设置对表格的说明，但是该文本不会显示在用户的浏览器中，仅在源代码中显示，可提高源代码的可读性。

可以通过图 5-40 所示的表格来理解上述选项的具体作用。

某班级课程表							
	第1节	第2节	第3节	第4节	第5节	第6节	第7节
星期一	英语	数学	化学	语文	物理	几何	政治
星期二	语文	化学	英语	物理	几何	地理	数学
星期三	几何	物理	数学	语文	化学	英语	生物
星期四	化学	语文	几何	物理	政治	数学	英语
星期五	自习	数学	化学	英语	几何	语文	化学

图 5-40

提示 在"表格"对话框中，当"边框粗细"选项设置为 0 时，在窗口中不显示表格的边框，若要查看单元格和表格边框，可选择"查看 > 设计视图选项 > 可视化助理 > 表格边框"命令。

（3）根据需要设置新建的表格的大小等，单击"确定"按钮完成表格的插入。

5.1.4 表格各元素的属性

插入表格后，选择不同的表格对象，可以在"属性"面板中看到它们的各项参数，修改这些参数可以得到不同风格的表格。

1. 表格的属性

表格的"属性"面板如图 5-41 所示，其各选项的作用如下。

图 5-41

"表格"选项：用于标记表格。

"行"和"列"选项：用于设置表格中行和列的数目。

"宽"选项：以像素为单位或以浏览器窗口宽度的百分比来设置表格的宽度。

"CellPad"选项：即单元格边距，是单元格内容和单元格边框之间的像素数。

"CellSpace"选项：即单元格间距，是相邻的单元格之间的像素数。

"Align"选项：表格在页面中相对于同一段落其他元素的显示位置。

"Border"选项：以像素为单位设置表格边框的宽度。

"清除列宽"按钮 和"清除行高"按钮 ：从表格中删除所有明确指定的列宽或行高的数值。

"将表格宽度转换成像素"按钮 ：将表格每列宽度的单位转换成像素，还可将表格宽度的单位转换成像素。

"将表格宽度转换成百分比"按钮 ：将表格每列宽度的单位转换成百分比，还可将表格宽度的单位转换成百分比。

"Class"选项：设置表格样式。

提示　如果没有明确指定单元格间距和单元格边距的值，则大多数浏览器按单元格边距为 1、单元格间距为 2 显示表格。

2．单元格、行和列的属性

单元格、行和列的"属性"面板如图 5-42 所示，其各选项的作用如下。

图 5-42

"合并所选单元格，使用跨度"按钮 ：将选定的多个单元格、选定的行或列的单元格合并成一个单元格。

"拆分单元格为行或列"按钮 ：将选定的一个单元格拆分成多个单元格。一次只能对一个单元格进行拆分，若选择多个单元格，此按钮禁用。

"水平"选项：设置行或列中内容的水平对齐方式。其下拉列表中包括"默认""左对齐""居中对齐"和"右对齐"4 个选项。一般标题行的所有单元格设置为"居中对齐"方式。

"垂直"选项：设置行或列中内容的垂直对齐方式。其下拉列表中包括"默认""顶端""居中""底部"和"基线"5 个选项，一般采用"居中"对齐方式。

"宽"和"高"选项：以像素为单位或以浏览器窗口宽度的百分比来设置表格的宽度和高度。

"不换行"选项：设置单元格文本是否换行。如果勾选"不换行"复选框，当输入的数据超出单元格的宽度时，会自动增大单元格的宽度来容纳数据。

"标题"选项：勾选该复选框，则将行或列的每个单元格的格式设置为表格标题单元格的格式。

"背景颜色"选项：设置单元格的背景颜色。

5.1.5　在表格中插入内容

建立表格后，可以在表格中添加各种网页元素，如文本、图像和表格等。在表格中添加元素的操作非常简单，只需根据设计要求选定单元格，然后插入网页元素即可。一般在表格中插入内容后，表格的尺寸会随内容的尺寸自动调整。当然，还可以利用单元格的属性来调整其内部元素的对齐方式和单元格的大小等。

1. 输入文字

在单元格中输入文字，有以下几种方法。

① 单击任意一个单元格并直接输入文本，此时单元格会随文本的输入自动扩展。

② 粘贴复制自其他文字编辑软件中的带有格式的文本。

2. 插入其他网页元素

（1）嵌套表格。

将光标置入一个单元格并插入表格，即可嵌套表格。

（2）插入图像。

在表格中插入图像有以下 4 种方法。

① 将光标置入一个单元格，单击"插入"面板"HTML"选项卡中的"Image"按钮 ⬚。

② 将光标置入一个单元格，选择"插入 > Image"命令。

③ 将光标置入一个单元格，将"插入"面板"HTML"选项卡中的"Image"按钮 ⬚ 拖曳到单元格内。

④ 从资源管理器、站点资源管理器或桌面上直接将图像文件拖曳到一个需要插入图像的单元格内。

5.1.6 选择表格元素

先选择表格元素，然后才能对其进行操作。用户一次可以选择整个表格、多行或多列，也可以选择一个或多个单元格。

1. 选择整个表格

选择整个表格有以下几种方法。

① 将鼠标指针放到表格四周的边缘上，鼠标指针右下角出现 ⊞ 图标，如图 5-43 所示，单击鼠标左键即可选中整个表格，如图 5-44 所示。

图 5-43

图 5-44

② 将光标置入表格中的任意单元格，然后在文档窗口左下角的标签栏中单击 table 标签，如图 5-45 所示。

③ 将光标置入表格，然后选择"编辑 > 表格 > 选择表格"命令。

④ 在任意单元格中单击鼠标右键，在弹出的快捷菜单中选择"表格 > 选择表格"命令，如图 5-46 所示。

图 5-45

图 5-46

2．选择行或列

（1）选择单行或单列。

定位鼠标指针，使其指向行的左边缘或列的上边缘。当鼠标指针变为向右或向下的箭头时单击，如图 5-47 和图 5-48 所示。

图 5-47

图 5-48

（2）选择多行或多列。

定位鼠标指针，使其指向行的左边缘或列的上边缘。当鼠标指针变为方向箭头时，直接按住鼠标左键拖曳鼠标或在按住 Ctrl 键的同时单击行或列，选择多行或多列，如图 5-49 所示。

3．选择单元格

选择单元格有以下几种方法。

① 将插入点放到表格中，然后在文档窗口左下角的标签栏中选择<td>标签 td，如图 5-50 所示。

图 5-49

图 5-50

② 在按住 Ctrl 键的同时单击要选择的单元格即可将其选中。

③ 将插入点放到单元格中，然后选择"编辑 > 全选"命令，即可选中插入点所在的单元格。

4．选择一个矩形区域

选择一个矩形区域有以下几种方法。

① 按住鼠标左键将鼠标指针从一个单元格中向右下方拖曳到另一个单元格中。如按住鼠标左键将鼠标指针从"星期一"单元格中向右下方拖曳到"化学"单元格中，会得到如图 5-51 所示的结果。

② 选择矩形区域左上角所在位置对应的单元格，在按住 Shift 键的同时单击矩形区域右下角所在位置对应的单元格。这两个单元格定义的矩形区域中的所有单元格都将被选中。

5．选择不相邻的单元格

按住 Ctrl 键的同时单击某个单元格即选中该单元格，当再次单击这个单元格时则取消对它的选择，如图 5-52 所示。

图 5-51　　　　　　　　　　　　　　　　图 5-52

5.1.7　复制、剪切、粘贴单元格

在 Dreamweaver CC 2018 中复制表格的操作和在 Word 中一样，可以对表格中的多个单元格进行复制、剪切、粘贴操作，并保留原单元格的格式，也可以仅对单元格的内容进行操作。

1．复制单元格

选定表格的一个或多个单元格后，选择"编辑 > 拷贝"命令，或按 Ctrl+C 组合键，即可将选择的内容复制到剪贴板中。剪贴板是一块由系统分配的暂时存放剪贴和复制的内容的特殊的内存区域。

2．剪切单元格

选定表格的一个或多个单元格后，选择"编辑 > 剪切"命令，或按 Ctrl+X 组合键，即可将选择的内容剪切到剪贴板中。

 提示　必须选择连续的矩形区域，否则不能进行复制和剪切操作。

3．粘贴单元格

将光标放到网页的适当位置，选择"编辑 > 粘贴"命令，或按 Ctrl+V 组合键，即可将当前剪贴板中包含格式的表格内容粘贴到光标所在位置。

4．粘贴操作的几点说明

① 只要剪贴板的内容和选定的单元格的内容兼容，选定的单元格的内容就将被替换。

② 如果在表格外粘贴，则剪贴板中的内容将作为一个新表格出现，如图 5-53 所示。

③ 还可以先选择"编辑 > 拷贝"命令进行复制，然后选择"编辑 > 选择性粘贴"命令，弹出"选择性粘贴"对话框，如图 5-54 所示，设置完成后单击"确定"按钮进行粘贴。

图 5-53

图 5-54

5.1.8 删除表格内容、行和列

删除表格的操作包括清除表格内容、删除行或列。

1. 清除表格内容

选定表格中要清除内容的区域后，要清除表格内容，有以下两种方法。

① 按 Delete 键即可清除所选区域的内容。

② 按 Backspace 键即可清除所选区域的内容。

2. 删除行或列

选定表格中要删除的行或列后，删除行或列的操作方法如下。

① 选择"编辑 > 表格 > 删除行"命令，或按 Ctrl+Shift+M 组合键，删除选择的行。

② 选择"编辑 > 表格 > 删除列"命令，或按 Ctrl+Shift+ – 组合键，删除选择的列。

5.1.9 调整表格的大小

创建表格后，可根据需要缩放表格、修改行高或列宽。

1. 缩放表格

缩放表格有以下两种方法。

① 将鼠标指针放在选定的表格的边框上，当鼠标指针变为"↔"形状时，左右拖曳边框，可以实现表格的缩放，如图 5-55 所示。

② 选中表格，直接修改"属性"面板中的"宽"选项。

2. 修改行高或列宽

修改行高或列宽有以下几种方法。

① 直接拖曳边线。改变行高，可上下拖曳行的底边线；改变列宽，可左右拖曳列的右边线，如图 5-56 所示。

② 输入行高或列宽的值。在"属性"面板中直接输入选定的单元格所在行的高度或所在列的宽度的数值。

某班级课程表							
	第1节	第2节	第3节	第4节	第5节	第6节	第7节
星期一	英语	数学	化学	语文	物理	几何	政治
星期二	语文	化学	英语	物理	几何	地理	数学
星期三	几何	物理	数学	语文	化学	英语	生物
星期四	化学	语文	几何	物理	政治	数学	英语
星期五	自习	数学	化学	英语	几何	语文	化学

图 5-55

某班级课程表							
	第1节	第2节	第3节	第4节	第5节	第6节	第7节
星期一	英语	数学	化学	语文	地理	几何	政治
星期二	语文	化学	英语	物理	几何	地理	数学
星期三	几何	物理	数学	语文	化学	英语	生物
星期四	化学	语文	几何	物理	政治	数学	英语
星期五	自习	数学	化学	英语	几何	语文	化学

图 5-56

5.1.10　合并和拆分单元格

有的表格项需要用几行或几列来说明，这时需要将多个单元格合并，生成一个跨多个列或行的单元格，如图 5-57 所示。

星期四	化学	语文					
星期五	自习	数学	化学	英语	几何	语文	化学

图 5-57

1．合并单元格

选择连续的单元格后，就可将它们合并成一个单元格。合并单元格有以下几种方法。

① 按 Ctrl+Alt+M 组合键。

② 选择"编辑 > 表格 > 合并单元格"命令。

③ 在"属性"面板中，单击"合并所选单元格，使用跨度"按钮 ▭。

> **提示**　合并前的多个单元格的内容将合并到一个单元格中。不相邻的单元格不能合并，应保证选择的为矩形的单元格区域。

2．拆分单元格

有时为了满足用户的需要，要将一个表格项分成多个单元格以详细显示不同的内容，就必须将单元格拆分。

拆分单元格的具体操作步骤如下。

（1）选择一个要拆分的单元格。

（2）通过以下几种方法打开"拆分单元格"对话框，如图 5-58 所示。

① 按 Ctrl+Shift+Alt+T 组合键。

② 选择"编辑 > 表格 > 拆分单元格"命令。

③ 在"属性"面板中，单击"拆分单元格为行或列"按钮 ⊞。

"拆分单元格"对话框中各选项的作用如下。

"把单元格拆分成"选项组：设置是按行还是按列拆分单元格，它包括"行"和"列"两个选项。

图 5-58

"行数"或"列数"选项：设置将指定的单元格拆分成的行数或列数。

（3）根据需要进行设置，单击"确定"按钮完成单元格的拆分。

5.1.11 添加行和列

在实际工作中，随着客观环境的变化，表格中的项目也需要做相应的调整，通过选择"编辑 > 表格"中的相应子菜单命令，可添加、删除行或列。

1．插入单行或单列

选择一个单元格后，可以在该单元格的上、下插入一行或在该单元格的左、右插入一列。

插入单行或单列有以下几种方法。

（1）插入行。

① 选择"编辑 > 表格 > 插入行"命令，在插入点的上面插入一行。

② 按 Ctrl+M 组合键，在插入点的上面插入一行。

（2）插入列。

① 选择"编辑 > 表格 > 插入列"命令，在插入点的左侧插入一列。

② 按 Ctrl+Shift+A 组合键，在插入点的左侧插入一列。

2．插入多行或多列

选中一个单元格，选择"编辑 > 表格 > 插入行或列"命令，弹出"插入行或列"对话框。根据需要设置对话框，可实现在当前行的上面或下面插入多行，如图 5-59 所示，或在当前列之前或之后插入多列，如图 5-60 所示。

图 5-59   图 5-60

"插入行或列"对话框中各选项的作用如下。

"插入"选项组：设置是插入行还是列，它包括"行"和"列"两个选项。

"行数"或"列数"选项：设置要插入的行或列的数目。

"位置"选项组：设置新行或新列相对于所选单元格所在行或列的位置。

> **提示** 在表格的最后一个单元格中按 Tab 键会自动在表格的下方新添一行。

5.2 网页中的表格数据

在实际工作中，有时需要将其他程序（如 Excel、Access）建立的表格数据导入网页，在 Dreamweaver CC 2018 中，利用"表格式数据"命令可以很容易地实现这一功能。

在 Dreamweaver CC 2018 中提供了对表格进行排序功能，还可以根据一列的内容来完成一次简单的表格排序，也可以根据两列的内容来完成一次较复杂的排序。

5.2.1　课堂案例——典藏博物馆网页

【案例学习目标】使用"文件"菜单导入外部表格数据，使用"编辑"菜单将表格的数据排序。

【案例知识要点】使用"表格式数据"命令导入外部表格数据，使用"排序表格"命令将表格的数据排序，如图 5-61 所示。

【效果所在位置】学习资源 > Ch05 > 效果 > 典藏博物馆网页 > index.html。

图 5-61

1．导入表格数据

（1）选择"文件 > 打开"命令，在弹出的"打开"对话框中选择本书学习资源中的"Ch05 > 素材 > 典藏博物馆网页 > index.html"文件，单击"打开"按钮打开文件，如图 5-62 所示。将光标放置在要导入表格数据的位置，如图 5-63 所示。

图 5-62

图 5-63

（2）选择"文件 > 导入 > 表格式数据"命令，弹出"导入表格式数据"对话框。单击"数据文件"选项右侧的"浏览..."按钮，在弹出的"打开"对话框中选择本书学习资源中的"Ch05 > 素材 > 典藏博物馆网页 > sj.txt"文件，单击"打开"按钮，返回到对话框中，如图 5-64 所示，单击"确定"按钮，导入表格数据，效果如图 5-65 所示。

图 5-64

图 5-65

（3）保持表格的被选中状态，在"属性"面板中将"宽"设为 100%，表格效果如图 5-66 所示。

图 5-66

（4）将第 1 列单元格全部选中，如图 5-67 所示。在"属性"面板中将"宽"设为 300，"高"设为 35，效果如图 5-68 所示。

图 5-67

图 5-68

（5）选中第 2 列所有单元格，在"属性"面板的"水平"下拉列表中选择"居中对齐"选项，将"宽"设为 200。选中第 3 列和第 4 列所有单元格，在"属性"面板的"水平"下拉列表中选择"居中对齐"选项，将"宽"设为 150，效果如图 5-69 所示。

图 5-69

（6）选择"窗口 > CSS 设计器"命令，弹出"CSS 设计器"面板。选中"源"选项组中的"<style>"

选项，单击"选择器"选项组中的"添加选择器"按钮 ✚，在新增的文本框中输入".bt"，按 Enter 键确认文字的输入，效果如图 5-70 所示。在"属性"选项组"添加属性"文本框中输入"font-size"，在"值"文本框中输入"18 px"，如图 5-71 所示。

图 5-70　　　　　　　　　图 5-71

（7）选中图 5-72 所示的文字，在"属性"面板的"类"下拉列表中选择"bt"选项，应用样式，效果如图 5-73 所示。用相同的方法为其他文字应用样式，效果如图 5-74 所示。

图 5-72　　　　　　　　图 5-73　　　　　　　　　图 5-74

（8）保存文档，按 F12 键预览效果，如图 5-75 所示。

图 5-75

2. 对表格进行排序

（1）选中图 5-76 所示的表格，选择"编辑 > 表格 > 排序表格"命令，弹出"排序表格"对话框，如图 5-77 所示。在"排序按"下拉列表中选择"列 1"，在"顺序"下拉列表中选择"按数字顺序"，在后面的下拉列表中选择"升序"，如图 5-78 所示，单击"确定"按钮，对表格进行排序，效果如图 5-79 所示。

活动标题	时间	地点	人物
【纪录片欣赏】春蚕	10-13 周六 14:00-16:00	观众活动中心	50人
【专题讲座】夏衍：世纪的同龄人	10-13 周六 10:00-12:00	观众活动中心	120人
【专题导览】货币艺术	10-19 周五 15:00-16:00	观众活动中心	100人
【专题讲座】内蒙古博物院	10-27 周六 14:00-16:00	观众活动中心	150人
【纪录片欣赏】风云儿女	10-28 周日 14:00-16:00	观众活动中心	113人

图 5-76

图 5-77

图 5-78

活动标题	时间	地点	人物
【专题导览】货币艺术	10-19 周五 15:00-16:00	观众活动中心	100人
【专题讲座】内蒙古博物院	10-27 周六 14:00-16:00	观众活动中心	150人
【专题讲座】夏衍：世纪的同龄人	10-13 周六 10:00-12:00	观众活动中心	120人
【纪录片欣赏】春蚕	10-13 周六 14:00-16:00	观众活动中心	50人
【纪录片欣赏】风云儿女	10-28 周日 14:00-16:00	观众活动中心	113人

图 5-79

（2）保存文档，按 F12 键预览效果，如图 5-80 所示。

图 5-80

5.2.2　导出和导入表格的数据

若要将一个网页的表格导入其他网页或 Word 文档，需先将网页内的表格数据导出，然后将其导入其他网页或 Word 文档。

1．将网页内的表格数据导出

选择"文件 > 导出 > 表格"命令，弹出如图 5-81 所示的"导出表格"对话框，根据需要设置参数，单击"导出"按钮，弹出"表格导出为"对话框，输入保存导出的数据的文件名称，单击"保存"按钮完成设置。

图 5-81

"导出表格"对话框中各选项的作用如下。

"定界符"选项：设置导出的文件所使用的分隔符。

"换行符"选项：设置打开导出的文件的操作系统。

2．在其他网页中导入表格数据

首先要打开"导入表格式数据"对话框，如图 5-82 所示。然后根据需要进行选项设置，最后单击"确定"按钮完成设置。

要打开"导入表格式数据"对话框，可以选择"文件 > 导入 > 表格式数据"命令。

"导入表格式数据"对话框中各选项的作用如下。

"数据文件"选项：单击"浏览…"按钮选择要导入的文件。

"定界符"选项：设置正在导入的表格文件所使用的分隔符。它包括"Tab""逗点"等选项。如果选择"其他"选项，可在选项右侧的文本框中输入导入的文件使用的分隔符，如图 5-83 所示。

"表格宽度"选项组：设置将要创建的表格宽度。

"单元格边距"选项：以像素为单位设置单元格内容与单元格边框之间的距离。

"单元格间距"选项：以像素为单位设置相邻单元格之间的距离。

"格式化首行"选项：设置应用于表格首行的格式。从下拉列表中的"[无格式]""粗体""斜体"和"加粗斜体"选项中选择。

"边框"选项：设置表格边框的宽度。

图 5-82

图 5-83

5.2.3　对表格进行排序

在日常工作中，常常需要对无序的表格内容进行排序，以便浏览者快速找到所需的数据。表格排序功能可以为网站设计者解决这一难题。

将插入点放到要排序的表格中，然后选择"编辑 > 表格 > 排序表格"命令，弹出"排序表格"对话框，如图 5-84 所示。根据需要设置相应选项，单击"应用"或"确定"按钮完成设置。

图 5-84

"排序表格"对话框中各选项的作用如下。

"排序按"选项：设置表格按哪列的值排序。

"顺序"选项：设置是按字母顺序还是按数的顺序以及是以升序（从 A 到 Z 或从小的数到大的数）还是以降序对列进行排序。当列的内容是数时，选择"按数字顺序"。如果按字母顺序对一组由一位或两位数字组成的数进行排序，则会将这些数作为单词按照各位数字排序，而不是按数的大小进行排序。如 1、2、3、10、20、30，若按字母以升序排序，则结果为 1、10、2、20、3、30；若按数以升序排序，则结果为 1、2、3、10、20、30。

"再按"和"顺序"选项：按第一种排序方法排序后，当排序的列中有内容相同的单元格时按第二种排序方法排序。可以在这两个选项中设置第二种排序方法，设置方法与第一种排序方法相同。

"选项"选项组：设置是否将标题行、脚注行等一起排序。

"排序包含第一行"选项：设置表格的第一行是否参与排序。如果第一行是不应移动的标题，则不选择此选项。

"排序标题行"选项：设置是否对标题行进行排序。

"排序脚注行"选项：设置是否对脚注行进行排序。

"完成排序后所有行颜色保持不变"选项：设置排序后是否保持原行的颜色值。如果表格行使用两种交替的颜色，则不要选择此选项以确保排序后的表格仍具有颜色交替的行。如果行属性特定于某行的内容，则选择此选项以确保这些属性保持与排序后的表格中正确的行关联在一起。

按图 5-84 所示进行设置，表格内容排序后的效果如图 5-85 所示。

姓名	语文	数学	英语
张飞	80	90	100
王攀	85	93	92
薛鹏	90	90	60

原表格

姓名	语文	数学	英语
王攀	85	93	92
薛鹏	90	90	60
张飞	80	90	100

排序后的表格

图 5-85

 提示 有合并出的单元格的表格是不能使用"排序表格"命令的。

5.3 表格的嵌套

当一个表格无法对网页元素进行复杂的定位时，需要在表格的一个单元格中继续插入表格，这叫作表格的嵌套。单元格中的表格是嵌入式表格，通过嵌入式表格可以将一个单元格再分成许多行和列，而且可以无限地插入嵌入式表格，但是嵌入式表格越多，浏览时花费在下载页面上的时间越长，因此，嵌套的表格最多不超过 3 层。包含嵌套表格的网页如图 5-86 所示。

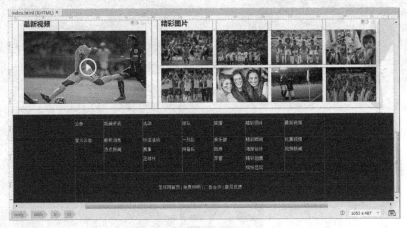

图 5-86

课堂练习——火锅餐厅网页

【练习知识要点】使用"Table"按钮插入表格，使用"Image"按钮插入图像，使用"CSS 设计器"面板为单元格添加背景图像及控制文字大小和字体，如图5-87 所示。

【素材所在位置】学习资源 > Ch05 > 素材 > 火锅餐厅网页 > images。

【效果所在位置】学习资源 > Ch05 > 效果 > 火锅餐厅网页 > index.html。

图 5-87

课后习题——OA 办公系统网页

【习题知识要点】使用"表格式数据"命令导入外部表格数据，使用"属性"面板改变表格的高度和对齐方式，使用"CSS 设计器"面板改变文字的颜色，如图 5-88 所示。

【素材所在位置】学习资源 > Ch05 > 素材 > OA 办公系统网页 > index.html。

【效果所在位置】学习资源 > Ch05 > 效果 > OA 办公系统网页 > index.html。

图 5-88

第**6**章 ASP

本章介绍

本章主要介绍 ASP 动态网页基础和内置对象。通过对本章的学习，读者可以掌握 ASP 的基本操作。

学习目标

- 掌握 ASP 服务器的运行环境及安装 IIS 的方法
- 掌握 ASP 语法基础知识及数组的创建与应用方法
- 掌握 VBScript 选择和循环语句
- 掌握 Request 请求对象
- 掌握 Server 服务对象

技能目标

- 掌握建筑信息咨询网页的制作方法
- 掌握网球俱乐部网页的制作方法

6.1 ASP 动态网页基础

ASP（Active Server Pages）是微软公司 1996 年底推出的 Web 应用程序开发技术，其主要功能是为生成动态交互的 Web 服务器应用程序提供功能强大的方法和技术。ASP 既不是一种语言也不是一种开发工具，而是一种技术框架，是位于服务器端的脚本运行环境。

6.1.1 课堂案例——建筑信息咨询网页

【案例学习目标】使用日期函数显示当前系统时间。

【案例知识要点】使用"拆分"按钮和"设计"按钮切换视图窗口，使用函数"Now()"显示当前系统日期和时间，如图 6-1 所示。

【效果所在位置】学习资源 > Ch06 > 效果 > 建筑信息咨询网页 > index.asp。

图 6-1

（1）选择"文件 > 打开"命令，在弹出的"打开"对话框中选择本书学习资源中的"Ch06 > 素材 > 建筑信息咨询网页 > index.asp"文件，单击"打开"按钮，效果如图 6-2 所示。将光标置入图 6-3 所示的单元格。

图 6-2

图 6-3

（2）单击"文档"工具栏中的"拆分"按钮 拆分 ，进入"拆分"视图窗口。此时光标位于单元格标签中，如图 6-4 所示。输入文字和代码"当前时间为：<%=Now()%>"，如图 6-5 所示。

```
21 ▼    <tr>
22        <td width="73%" height="30"> </td>
23        <td width="27%"> </td>
24      </tr>
```

图 6-4

```
21 ▼    <tr>
22        <td width="73%" height="30"> </td>
23        <td width="27%">当前时间为：<%=Now()%></td
24      </tr>
```

图 6-5

（3）单击"文档"工具栏中的"设计"按钮 设计 ，返回设计视图窗口中，效果如图 6-6 所示。保存文档，在 IIS 中浏览页面，效果如图 6-7 所示。

设为首页 | 加入收藏

企业文化 | 技术交流 | 联系我们 | 人才招聘

当前时间为：

图 6-6   图 6-7

6.1.2　ASP 服务器的安装

ASP 创建了一种服务器端脚本编写环境，其主要功能是把脚本语言、HTML、组件和 Web 数据库访问功能有机地结合在一起，形成一个能在服务器端运行的应用程序，该应用程序可根据来自浏览器端的请求生成相应的 HTML 文档并回送给浏览器。使用 ASP 可以创建以 HTML 网页作为用户界面，并能够与数据库交互的 Web 应用程序。

1．ASP 的运行环境

ASP 程序是在服务器端运行的，因此必须在服务器上安装相应的 Web 服务器软件。下面介绍不同 Windows 操作系统下 ASP 的运行环境。

（1）Windows 2000 Server / Professional 操作系统。

在 Windows 2000 Server / Professional 操作系统下安装并运行 IIS 5.0。

（2）Windows XP Professional 操作系统。

在 Windows XP Professional 操作系统下安装并运行 IIS 5.1。

（3）Windows Server 2003 操作系统。

在 Windows Server 2003 操作系统下安装并运行 IIS 6.0。

（4）Windows Vista / Windows Server 2008 / Windows 7 / Windows 10 操作系统。

在 Windows Vista / Windows Server 2008/ Windows 7 / Windows 10 操作系统下安装并运行 IIS 7.0。

2．安装 IIS

IIS 是微软公司提供的一种互联网基本服务，已经被作为组件集成在 Windows 操作系统中。如果用户安装 Windows Server 2000 或 Windows Server 2003 等操作系统，则在安装时会自动安装相应版本的 IIS。如果安装的是 Windows 7 等操作系统，默认情况下不会安装 IIS，这时，需要进行手动安装。

（1）选择"开始 > 控制面板"菜单命令，打开"控制面板"窗口，单击"程序和功能"按钮，在弹出的对话框中单击"打开或关闭 Windows 功能"按钮，弹出"Windows 功能"对话框，如图 6-8 所示。

（2）在"Internet 信息服务"中勾选相应的 Windows 功能，如图 6-9 所示，单击"确定"按钮，系统会自动添加功能，如图 6-10 所示。

图 6-8   图 6-9   图 6-10

（3）安装完成后，需要对 IIS 进行简单的设置。单击控制面板中的"管理工具"按钮，在弹出的对话框内双击"Internet 信息服务（IIS）管理器"选项，如图 6-11 所示。

（4）在"Default Web Site"选项中双击"ASP"图标，如图 6-12 所示。

（5）将"启用父路径"属性设为"True"，如图 6-13 所示。

（6）在"Default Web Site"选项上单击鼠标右键，选择"管理网站 > 高级设置"命令，如图 6-14 所示。在弹出的对话框中设置物理路径，如图 6-15 所示，设置完成后单击"确定"按钮。

图 6-11

图 6-12

图 6-13

101

图 6-14   图 6-15

（7）在"Default Web Site"选项上单击鼠标右键，选择"编辑绑定"命令，如图 6-16 所示。在弹出的"网站绑定"对话框中单击"添加"按钮，如图 6-17 所示，弹出"编辑网站绑定"对话框，如图 6-18 所示。设置完成后单击"确定"按钮返回到"网站绑定"对话框中，如图 6-19 所示，单击"关闭"按钮。

图 6-16   图 6-17

图 6-18   图 6-19

6.1.3 ASP 语法基础

1. ASP 文件结构

ASP 文件是以".asp"为扩展名的。在 ASP 文件中，可以包含以下内容。

（1）HTML 标签：HTML 标记语言包含的标签。

（2）脚本命令：包括 VBScript 或 JavaScript 脚本。

（3）ASP 代码：位于"<%"和"%>"分界符之间的命令。在编写服务器端的 ASP 脚本时，也可以在<script>和</script>标签之间定义函数、方法和模块等，但必须在<script>标签内指定 runat 属性值为"server"。如果忽略了 runat 属性，脚本将在客户端执行。

（4）文本：网页中说明性的静态文字。

下面给出一个简单的 ASP 程序，来说明 ASP 文件结构。

这个 ASP 程序用于输出当前系统日期、时间，代码如下。

```
<html>
<head>
<title>ASP 程序</title>
</head>
<body>
当前系统日期时间为：<%=Now()%>
</body>
</html>
```

运行以上程序代码，在浏览器中将显示如图 6-20 所示的内容。

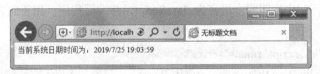

图 6-20

以上代码是一个标准的 HTML 文件中嵌入 ASP 程序而形成的 ASP 文件。其中，<html>和</html>为 HTML 文件的开始标签和结束标签；<head>和</head>为 HTML 文件的头部标签；在头部标签之间，定义了标题标签<title>和</title>，用于显示 ASP 文件的标题信息；<body>和</body>为 HTML 文件的主体标签。文本内容"当前系统日期时间为"以及"<%=Now()%>"都嵌在<body>和</body>标签之间。

2. 声明脚本语言

在编写 ASP 程序时，可以声明 ASP 文件所使用的脚本语言，以通知 Web 服务器文件是使用何种脚本语言来编写程序的。声明脚本语言有 3 种方法。

（1）在 IIS 中设定默认 ASP 语言。

在"Internet 信息服务（IIS）管理器"对话框中将"脚本语言"设为"VBScript"，如图 6-21 所示。

（2）使用@language 声明脚本语言。

在 ASP 文件的开头，可以使用 language 关键字声明要使用的脚本语言。使用这种方法声明的脚本语言只作用于该文件，对其他文件不会产生影响。

语法：

<%@language=scriptengine%>

图 6-21

其中，scriptengine 表示编译脚本的脚本引擎名称。Internet 信息服务（IIS）管理器中包含两个脚本引擎，分别为 VBScript 和 JavaScript。默认情况下，文件中的脚本将由 VBScript 引擎进行解释。

例如，在 ASP 文件的第一行设定页面使用的脚本语言为 VBScript，代码如下。

`<%@language="VBScript"%>`

需要注意的是，如果在 IIS 服务器中设置的默认 ASP 语言为 VBScript，且文件中使用的也是 VBScript，则在 ASP 文件中可以不用声明脚本语言；如果文件中使用的脚本语言与 IIS 服务器中设置的默认 ASP 语言不同，则需使用@language 处理指令声明脚本语言。

（3）通过<script>标签声明脚本语言。

通过设置<script>标签中的 language 属性值，可以声明脚本语言。需要注意的是，此声明只作用于<script>标签。

语法：

```
<script language=scriptengine runat="server">
//脚本代码
</script>
```

其中，scriptengine 表示编译脚本的脚本引擎名称；runat 属性值设置为 server，表示脚本运行在服务器端。

例如，在<script>标记中声明脚本语言为 JavaScript，并编写程序，用于向客户端浏览器输出指定的字符串，代码如下。

```
<script language="javascript" runat="server">
Response.write("Hello World!");        //调用 Response 对象的 Write 方法输出指定字符串
</script>
```

运行程序，效果如图 6-22 所示。

图 6-22

3. ASP 与 HTML

在 ASP 网页中，ASP 程序包含在 "<%" 和 "%>" 之间，并在浏览器打开网页时产生动态内容。它与 HTML 标签两者互相协作，构成动态网页。ASP 程序可以出现在 HTML 文件中的任意位置，同时在 ASP 程序中也可以嵌入 HTML 标签。

编写 ASP 程序，通过 Date()函数输出当天日期，并应用<font>标签定义日期显示颜色，代码如下。

```
<html>
<head>
<meta http-equiv="Content-Type" content="text/html; charset=gb2312"/>
<title>b</title>
</head>
<body>
```

今天是：
```
<%
    Response.Write("<font color=red>")
    Response.Write(Date())
    Response.Write("</font>")
%>
</body>
</html>
```

以上代码通过 Response 对象的 Write 方法向浏览器端输出<font>和</font>标签以及当前系统日期。在 IIS 中浏览该文件，运行结果如图 6-23 所示。

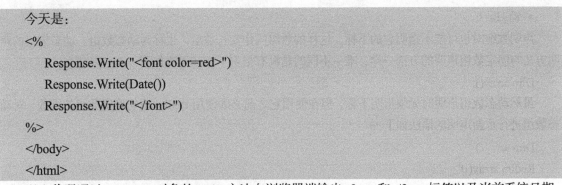

图 6-23

6.1.4 数组的创建与应用

数组是有序数据的集合。数组中的每一个元素都属于同一个数据类型，用一个统一的数组名和下标可以唯一地确定数组中的元素，下标放在紧跟在数组名之后的括号中。有一个下标的数组称为一维数组，有两个下标的数组称为二维数组，以此类推。数组的最大维数为 60。

1. 创建数组

在 VBScript 中，数组有两种类型：固定数组和动态数组。

• 固定数组。

固定数组是指大小在程序运行时不可改变的数组。数组在使用前必须先声明，使用 Dim 语句可以声明数组。

声明数组的语法如下：

Dim array(i)

在 VBScript 中，数组的下标是从 0 开始计数的，所以数组的长度应用 "i+1"。

例如：

```
Dim ary(3)
Dim db_array(5,10)
```

声明数组后，就可以为数组每个元素赋值。在为数组赋值时，必须通过数组的下标指明要赋值的元素的位置。

例如，在数组中使用下标为数组的每个元素赋值，代码如下。

```
Dim ary(3)
ary(0)="数学"
ary(1)="语文"
ary(2)="英语"
```

● 动态数组。

声明数组时也可能不指明它的下标，这样的数组叫作变长数组，也称为动态数组。动态数组的声明方法与固定数组声明的方法一样，唯一不同的是没有指明下标，语法如下：

Dim array()

虽然动态数组声明时无须指明下标，但在使用它之前必须使用 Redim 语句确定数组的维数。对动态数组进行重新声明的语法如下：

Dim array()

Redim array(i)

2．应用数组函数

数组函数用于数组的操作。数组函数主要包括 LBound 函数、UBound 函数、Split 函数和 Erase 函数。

● LBound 函数。

LBound 函数用于返回一个 Long 型数据，其值为指定数组维可用的最小下标。

语法：

LBound (arrayname[, dimension])

arrayname：必需的，表示数组变量的名称，遵循标准的变量命名约定。

dimension：可选的，类型为 Variant (Long)。指定返回下界的维度。1 表示第一维，2 表示第二维，以此类推。如省略 dimension，则默认为 1。

例如，返回数据组 MyArray 第二维的最小可用下标，代码如下：

```
<%
Dim MyArray(5,10)
Response.Write(LBound(MyArray,12))
%>
```

结果为：0

● UBound 函数。

UBound 函数用于返回一个 Long 型数据，其值为指定的数组维可用的最大下标。

语法：

UBound(arrayname[, dimension])

arrayname：必需的。数组变量的名称，遵循标准变量命名约定。

dimension：可选的，类型为 Variant (Long)。指定返回上界的维度。1 表示第一维，2 表示第二维，以此类推。如果省略 dimension，则默认为 1。

UBound 函数与 LBound 函数一起使用，用来确定一个数组的大小。LBound 用来确定数组某一维的上界。

例如，返回数组 MyArray 第二维的最大可用下标，代码如下。

```
<%
Dim MyArray(5,10)
Response.Write(UBound(MyArray,2))
%>
```

结果为：10

• Split 函数。

Split 函数用于返回一个下标从 0 开始的一维数组，它包含指定数目的子字符串。

语法：

Split(expression[, delimiter[, count[, compare]]])

expression：必需的，包含子字符串和分隔符的字符串表达式。如果 expression 是一个长度为 0 的字符串("")，则 Split 返回一个空数组，即没有元素和数据的数组。

delimiter：可选的，用于标识子字符串边界的字符串字符。如果忽略，则使用空格字符(" ")作为分隔符。如果 delimiter 是一个长度为 0 的字符串，则返回的数组仅包含一个元素，即完整的 expression 字符串。

count：可选的，要返回的子字符串数，-1 表示返回所有的子字符串。

compare：可选的，数字值，表示判别子字符串时使用的比较方式。

例如，读取字符串 str 中以符号"/"分隔的各子字符串，代码如下。

```
<%
Dim str,str_sub,i
str="ASP 程序开发/VB 程序开发/ASP.NET 程序开发"
str_sub=Split(str,"/")
For i=0 to Ubound(str_sub)
    Respone.Write(i+1&"."&str_sub(i)&"<br>")
Next
%>
```

结果为：

① ASP 程序开发

② VB 程序开发

③ ASP.NET 程序开发

• Erase 函数。

Erase 函数用于重新初始化大小固定的数组的元素，以及释放动态数组的存储空间。

语法：

Erase arraylist

所需的 arraylist 参数是一个或多个用逗号隔开的需要清除的数组变量。

Erase 根据是固定大小的（常规的）数组还是动态数组，采取完全不同的行为。Erase 无须为固定大小的数组恢复内存。

例如，定义数组元素内容后，利用 Erase 函数释放数组的存储空间，代码如下。

```
<%
Dim MyArray(1)
MyArray(0)="网络编程"
Erase MyArray
If MyArray(0)= "" Then
Response.Write("数组资源已释放！")
Else
```

```
    Response.Write(MyArray(0))
End If
%>
```

结果为：数组资源已释放！

6.1.5 流程控制语句

在 VBScript 语言中，有顺序结构、选择结构和循环结构 3 种基本程序控制结构。顺序结构是程序设计中最基本的结构，在程序运行时，编译器总是按照先后顺序执行程序中的所有命令。通过选择结构和循环结构可以改变代码的执行顺序。本节介绍 VBScript 选择语句和循环语句。

1. 运用 VBScript 选择语句

● 使用 if 语句实现单分支选择结构。

if…then…end if 语句被称为单分支选择语句，可用于实现程序的单分支选择结构。该语句根据表达式结果是否为真，决定是否执行指定的命令序列。在 VBScript 中，if…then…end if 语句的基本格式如下：

if 条件语句 then

　　…命令序列

end if

通常情况下，条件语句是使用比较运算符对数值或变量进行比较的表达式。执行该格式的命令时，首先对条件进行判断，若条件取值为真（true），则执行命令序列。否则跳过命令序列，执行 end if 后的语句。

例如，判断给定变量的值是否为数字，如果为数字则输出指定的字符串信息，代码如下。

```
<%
Dim Num
Num=105
If IsNumeric(Num) then
    Response.Write（"变量 Num 的值是数字！"）
end if
%>
```

● 使用 if…then…else 语句实现双分支选择结构。

if…then…else 语句被称为双分支选择语句，可用于实现程序的双分支选择结构。该语句根据条件语句的取值，执行相应的命令序列。基本格式如下：

if 条件语句 then

…命令序列 1

else

…命令序列 2

end if

执行该格式命令时，若条件语句为 true，则执行命令序列 1，否则执行命令序列 2。

● 使用 select case 语句实现多分支选择结构。

select case 语句被称为多分支选择语句，该语句可以根据条件表达式的值，决定执行的命令序列。

应用 select case 语句实现的功能，相当于嵌套使用 if 语句实现的功能。select case 语句的基本格式如下：

```
select case 变量或表达式
    case 结果 1
        命令序列 1
    case 结果 2
        命令序列 2
    …
    case 结果 n
        命令序列 n
    case else 结果 n
        命令序列 n+1
end select
```

在 select case 语句中，首先对表达式进行计算，可以进行数学计算或字符串运算，然后将运算结果依次与结果 1 到结果 n 做比较，如果找到相等的结果，则执行对应的 case 语句中的命令序列，如果未找到相等的结果，则执行 case else 语句后面的命令序列。执行命令序列后，退出 select case 语句。

2．运用 VBScript 循环语句

（1）do…loop 循环控制语句。

do…loop 语句当条件为 true 或条件变为 true 之前重复执行某语句块。根据循环条件出现的位置，do…loop 语句的格式分以下两种。

● 循环条件出现在语句的开始部分。

```
do while 条件表达式
    循环体
loop
```

或者

```
do until 条件表达式
    循环体
loop
```

● 循环条件出现在语句的结尾部分。

```
do
    循环体
loop until 条件表达式
```

其中的 while 和 until 关键字的作用正好相反，while 是当条件为 true 时，执行循环体，而 until 是条件为 false 时，执行循环体。

在 do…loop 语句中，条件表达式在前与在后的区别是：当条件表达式在前时，表示在循环条件为真时，才能执行循环体；而条件表达式在后时，表示无论条件是否满足都至少执行一次循环体。

在 do…loop 语句中，还可以使用强行退出循环的指令 exit do，此语句可以放在 do…loop 语句中的任意位置，它的作用与 for 语句中的 exit for 相同。

（2）while…wend 循环控制语句。

while…wend 语句是当前指定的条件为 true 时执行一系列的语句。该语句与 do…loop 循环语句相

似。while…wend 语句的格式如下：

while condition

[statements]

wend

condition：数值或字符串表达式，其计算结果为 true 或 false。如果 condition 为 null，则 condition 返回 false。

statements：在条件为 true 时执行的一条或多条语句。

在 while…wend 语句中，如果 condition 为 true，则 statements 中所有 wend 语句之前的语句都将被执行，然后控制权将返回到 while 语句，并且重新检查 condition。如果 condition 仍为 true，则重复执行上面的过程；如果为 false，则从 wend 语句之后的语句继续执行程序。

（3）for…next 循环控制语句。

for…next 语句是一种强制型的循环语句，它指定次数，重复执行一组语句。其格式如下：

for counter=start to end [step number]

statement

[exit for]

next

counter：用作循环计数器的数值变量。start 和 end 分别是 counter 的初始值和终止值。number 为 counter 的步长，决定循环的执行情况，可以是正数或负数，其默认值为 1。

statement：表示循环体。

exit for：为 for…next 提供了另一种退出循环的方法，可以在 for…next 语句的任意位置放置 exit for。exit for 语句经常和条件语句一起使用。

exit for 语句可以嵌套使用，即可以把一个 for…next 循环放置在另一个 for…next 循环中，此时每个循环中的 counter 要使用不同的变量名。例如：

for i =0 to 10

for j=0 to 10

…

next

…

Next

（4）for each…next 循环控制语句。

for each…next 语句主要针对数组或集合中的每个元素重复执行一组语句。虽然也可以用 for each…next 语句完成任务，但是如果不知道一个数组或集合中有多少个元素，则使用 for each…next 循环语句是较好的选择。其格式如下：

for each 元素 in 集合或数组

循环体

[exit for]

next

（5）exit 退出循环语句。

exit 语句主要用于退出 do…loop、for…next、function 或 sub 代码块。其格式如下：

exit do

exit for

exit function

exit sub

exit do：提供一种退出 do…loop 循环的方法，并且只能在 do…loop 循环中使用。

exit for：提供一种退出 for 循环的方法，并且只能在 for…next 或 for each…next 循环中使用。

exit function：立即从包含该语句的 function 过程中退出。程序会从调用 function 的语句之后的语句继续执行。

exit property：立即从包含该语句的 property 过程中退出。程序会从调用 property 过程的语句之后的语句继续执行。

exit sub：立即从包含该语句的 sub 过程中退出。程序会从调用 sub 过程的语句之后的语句继续执行。

6.2　ASP 内置对象

为了实现网站的常见功能，ASP 提供了内置对象。内置对象的特点是：不需要事先声明或者创建一个实例，可以直接使用。常见的内置对象主要内容包括 Request 对象、Response 对象、Application 对象、Session 对象、Server 对象和 ObjectContext 对象。

6.2.1　课堂案例——网球俱乐部网页

【案例学习目标】使用 Request 对象获取表单数据。

【案例知识要点】使用"代码检查器"窗口输入代码，使用 Request 对象获取表单数据，如图 6-24 所示。

【效果所在位置】学习资源 > Ch06 > 效果 > 网球俱乐部网页 > index.asp。

图 6-24

（1）选择"文件 > 打开"命令，在弹出的"打开"对话框中选择本书学习资源中的"Ch06 > 素材 > 网球俱乐部网页 > index.asp"文件，单击"打开"按钮，效果如图 6-25 所示。将光标置入图 6-26 所示的单元格。

图 6-25　　　　　　　　　　　　　　　　　图 6-26

（2）按 F10 键，弹出"代码检查器"窗口，在光标所在的位置输入代码，如图 6-27 所示，文档窗口如图 6-28 所示。

图 6-27　　　　　　　　　　　　　　　　　图 6-28

（3）选择"文件 > 打开"命令，在弹出的"打开"对话框中选择本书学习资源中的"Ch06 > 素材 > 网球俱乐部网页 > code.asp"文件，单击"打开"按钮，将光标置入图 6-29 所示的单元格。在"代码检查器"窗口中输入代码，如图 6-30 所示。

图 6-29　　　　　　　　　　　　　　　　　图 6-30

（4）保存文档，在 IIS 浏览器中查看"index.asp"文件，如图 6-31 和图 6-32 所示。

图 6-31

图 6-32

6.2.2 Request 请求对象

在客户端/服务器结构中，当客户端 Web 页面向网站服务器传递信息时，ASP 通过 Request 对象能够获取客户提交的全部信息。信息包括客户端用户的 HTTP 变量在网站服务器端存放的客户端浏览器的 Cookies 数据、附于 URL 之后的字符串信息、页面中表单传送的数据以及客户端的认证等。

Request 对象语法：

Request [.collection | property | method](variable)

collection：数据集合。

property：属性。

method：方法。

variable：是由字符串定义的变量参数，指定要从集合中检索的项目或者作为方法和属性的输入。

使用 Request 对象时，collection、property 和 method 可选 1 个或者 3 个都不选，此时按以下顺序搜索集合：QueryString、Form、Cookies、ServerVariables 和 ClientCertificate。

例如，使用 Request 对象的 QueryString 数据集合取得传递值参数 Parameter 值并赋给变量 id。

```
<%
    dim id
    id= Request. QueryString ("Parameter")
%>
```

Request 对象包括 5 个数据集合、1 个属性和 1 个方法，如表 6-1 所示。

表 6-1

成员	描述
数据集合 Form	读取 HTML 表单域控件的值，即读取客户浏览器上以 post 方法提交的数据
数据集合 QueryString	读取附于 URL 地址后的字符串值，获取以 get 方式提交的数据
数据集合 Cookies	读取存放在客户端浏览器 Cookies 中的内容
数据集合 ServerVariables	读取客户端请求发出的 HTTP 报头值以及 Web 服务器的环境变量值
数据集合 ClientCertificate	读取客户端的验证字段

续表 6-1

成员	描述
属性 TotalBytes	返回客户端发出请求的字节数量
方法 BinaryRead	以二进制方式读取客户端使用 post 方法所传递的数据，并返回一个变量数组

1. 获取表单数据

检索表单数据：表单是 HTML 文件的一部分，提交输入的数据。

在含有 ASP 动态代码的 Web 页面中，使用 Request 对象的 Form 集合收集来自客户端的以表单形式发送到服务器的信息。

语法：

Request.Form(element)[(index)|.count]

element：集合要检索的表单元素的名称。

index：用来取得表单中名称相同的元素值。

count：集合中相同名称的元素的个数。

一般情况下，传递大量数据使用 post 方法，通过 Form 集合来获得表单数据。用 get 方法传递数据时，通过 Request 对象的 QueryString 集合来获得数据。

提交方式和读取方式的对应关系如表 6-2 所示。

表 6-2

提交方式	读取方式
method=post	Request.Form()
method=get	Request.QueryString()

在"index.asp"文件中建立表单，在表单中插入文本框以及按钮。当用户在文本框中输入数据并单击提交按钮时，在"code.asp"页面中通过 Request 对象的 Form 集合获取表单传递的数据并输出。

文件"index.asp"中代码如下。

```
<form id="form1" name="form1" method="post" action="code.asp">
    <p>用户名：
        <input type="text" name="txt_username" id="txt_username" />
    </p>
    <p>密码：
        <input type="password" name="txt_pwd" id="txt_pwd" />
    </p>
    <p>
        <input type="submit" name="Submit" id="button" value="提交" />
           
        <input type="reset" name="Submit2" id="button2" value="重置" />
    </p>
</form>
```

文件"code.asp"中的代码如下。

<p>用户名为：<%=Request.Form("txt_username")%>

<p>密码为：<%=Request.Form("txt_pwd")%>

在 IIS 浏览器中查看"index.asp"文件，运行结果如图 6-33 和图 6-34 所示。

图 6-33   图 6-34

当表单中的多个对象具有相同名称时，可以利用 count 属性获取具有相同名称的对象的总数，然后加上一个索引值来取得相同名称的对象的不同内容值。也可以用"for each…next"语句来获取相同名称的对象的不同内容值。

2．检索查询字符串

利用 QueryString 可以检索 HTTP 查询字符串中变量的值。HTTP 查询字符串中的变量可以直接定义在超链接的 URL 地址中的"？"字符之后，例如 http://www.ptpress.com.cn/?name=wang。

如果传递多个参数变量，用"&"作为分隔符隔开。

语法：Request. QueryString (varible)[(index)|.count]。

variable：指定要检索的 HTTP 查询字符串中的变量名。

index：用来取得 HTTP 查询字符串中相同变量名的变量值。

count：HTTP 查询字符串中的相同名称的变量的个数。

有两种情况需要在服务器端指定利用 QueryString 数据集合取得客户端传送的数据。

● 在表单中通过 get 方式提交的数据。

据此方法提交的数据与 Form 数据集合相似，利用 QueryString 数据集合可以取得在表单中以 get 方式提交的数据。

● 利用超链接标签<a>传递的参数。

取得标签<a>所传递的参数值。

3．获取服务器端环境变量

利用 Request 对象的 ServerVariables 数据集合可以取得服务器端的环境变量信息。这些信息包括：发出请求的浏览器信息、构成请求的 HTTP 方法、用户登录 Windows NT 的账号、客户端的 IP 地址等。服务器端环境变量对 ASP 程序有很大的帮助，使程序能够根据不同情况进行判断，提高了程序的健壮性。服务器环境变量是只读变量，只能查看，不能设置。

语法：

Request.ServerVariables(server_environment_variable)

server_environment_variable：服务器环境变量。

服务器环境变量如表 6-3 所示。

表 6-3

服务器环境变量	描述
ALL_HTTP	客户端发送的所有 HTTP 标题文件
ALL_RAW	检索未处理表格中所有的标题。ALL_RAW 和 ALL_HTTP 不同，ALL_HTTP 在标题文件名前面放置 HTTP_prefix，并且标题名称总是大写的。使用 ALL_RAW 时，标题名称和值只在客户端发送时才出现
APPL_MD_PATH	检索 ISAPI DLL 的(WAM) Application 的元数据库路径
APPL_PHYSICAL_PATH	检索与元数据库路径相应的物理路径。IIS 通过将 APPL_MD_PATH 转换为物理（目录）路径以返回值
AUTH_PASSWORD	该值输入客户端的鉴定对话。只有使用基本鉴定时，该变量才可用
AUTH_TYPE	这是用户访问受保护的脚本时，服务器用来检验用户的验证方法
AUTH_USER	未被鉴定的用户名
CERT_COOKIE	客户端验证的唯一 ID，以字符串方式返回。可作为整个客户端验证的签字
CERT_FLAGS	如有客户端验证，则 bit 0 为 1 如果客户端验证的验证人无效（不在服务器承认的 CA 列表中），bit1 被设置为 1
CERT_ISSUER	用户验证中的颁布者字段（O=MS, OU=IAS, CN=user name, C=USA）
CERT_KEYSIZE	安全套接字层连接关键字的位数，如 128
CERT_SECRETKEYSIZE	服务器验证私人关键字的位数，如 1024
CERT_SERIALNUMBER	用户验证的序列号字段
CERT_SERVER_ISSUER	服务器验证的颁发者字段
CERT_SERVER_SUBJECT	服务器验证的主字段
CERT_SUBJECT	客户端验证的主字段
CONTENT_LENGTH	客户端发出的内容的长度
CONTENT_TYPE	内容的数据类型。同附加信息的查询一起使用，如 HTTP 查询 get、post 和 put
GATEWAY_INTERFACE	服务器使用的 CGI 规格的修订，格式为 CGI/revision
HTTP_<HeaderName>	存储在标题文件中的值。未列入该表的标题文件必须以 "HTTP_" 作为前缀，以使 ServerVariables 集合检索其值。 注意，服务器将 HeaderName 中的下划线（_）解释为实际标题中的破折号。例如，如果用户指定 HTTP_MY_HEADER，服务器将搜索以 "MY-HEADER" 为名发送的标题文件
HTTPS	如果请求穿过安全通道（SSL），则返回 ON。如果请求来自非安全通道，则返回 OFF
HTTPS_KEYSIZE	安全套接字层连接关键字的位数，如 128
HTTPS_SECRETKEYSIZE	服务器验证私人关键字的位数，如 1024
HTTPS_SERVER_ISSUER	服务器验证的颁发者字段
HTTPS_SERVER_SUBJECT	服务器验证的主字段
INSTANCE_ID	文本格式的 IIS 实例的 ID。如果实例 ID 为 1，则以字符形式出现。使用该变量可以检索请求所属的（元数据库中）Web 服务器实例的 ID
INSTANCE_META_PATH	响应请求的 IIS 实例的元数据库路径

续表 6-3

服务器环境变量	描述
LOCAL_ADDR	返回接受请求的服务器地址。如果在绑定多个 IP 地址的多宿主机器上查找请求所使用的地址时，这条变量非常重要
LOGON_USER	用户登录 Windows NT 的账号
PATH_INFO	客户端提供的额外路径信息。可以使用这些虚拟路径和 PATH_INFO 服务器变量访问脚本。如果该信息来自 URL，在到达 CGI 脚本前就已经由服务器解码了
PATH_TRANSLATED	PATH_INFO 转换后的版本，该变量获取路径并进行必要的由虚拟至物理的映射
QUERY_STRING	查询 HTTP 请求中问号（?）后的信息
REMOTE_ADDR	发出请求的远程主机的 IP 地址
REMOTE_HOST	发出请求的主机名称。如果服务器无此信息，它将被设置为空的 MOTE_ADDR 变量
REMOTE_USER	用户发送的未映射的用户名字符串。该名称是用户实际发送的名称，与服务器上验证过滤器修改过后的名称相对
REQUEST_METHOD	该方法用于提出请求。相当于用于 HTTP 的 get、head、post 等等
SCRIPT_NAME	执行脚本的虚拟路径。用于自引用的 URL
SERVER_NAME	出现在自引用 URL 中的服务器主机名、DNS 化名或 IP 地址
SERVER_PORT	发送请求的端口号
SERVER_PORT_SECURE	包含 0 或 1 的字符串。如果安全端口处理了请求，则为 1，否则为 0
SERVER_PROTOCOL	请求信息协议的名称和修订，格式为 protocol/revision
SERVER_SOFTWARE	应答请求并运行网关的服务器软件的名称和版本。格式为 name/version
URL	提供 URL 的基本部分

4．以二进制码方式读取数据

（1）Request 对象的 TotalBytes 属性。

Request 对象的 TotalBytes 属性为只读属性，用于取得客户端响应的数据字节数。

语法：

Counter=Request.TotalBytes

Counter：用于存放客户端送回的数据字节大小的变量。

（2）Request 对象的 BinaryRead 方法。

Request 对象提供一个 BinaryRead 方法，用于以二进制码方式读取客户端使用 post 方式传递的数据。

语法：

Variant 数据=Request.BinaryRead(Count)

Count：是一个整型数据，用以表示每次读取的数据的字节大小，范围介于 0 到 TotalBytes 属性取回的客户端送回的数据字节大小之间。

BinaryRead 方法的返回值是通用变量数组（Variant Array）。

BinaryRead 方法一般与 TotalBytes 属性配合使用，以读取提交的二进制数据。

例如，以二进制码方式读取数据，代码如下。

```
<%
        Dim Counter,arrays(2)
        Counter=Request.TotalBytes          '获得客户端发送的数据字节数
        Arrays(0)=Request.BinaryRead(Counter)    '以二进制码方式读取数据
%>
```

6.2.3　Response 响应对象

Response 对象用来访问所创建并返回客户端的响应。可以使用 Response 对象控制发送给用户的信息，如直接发送信息给浏览器、重定向浏览器到另一个 URL 或设置 Cookies 的值。Response 对象提供了标识服务器和性能的 HTTP 变量、发送给浏览器的信息内容和任何将在 Cookies 中存储的信息。

Response 对象只有一个集合——Cookies，该集合用于设置希望放置在客户系统上的 Cookies 的值。Response 对象的 Cookies 集合用于当前响应中，将 Cookies 值发送到客户端，该集合访问方式为只写。

Response 对象的语法如下：

Response.collection | property | method

collection：Response 对象的数据集合。

property：Response 对象的属性。

method：Response 对象的方法。

例如，使用 Response 对象的 Cookies 数据集合设置客户端的 Cookies 关键字并赋值，代码如下：

```
<%
Response.Cookies("user")="编程"
%>
```

Response 对象与一个 HTTP 响应对应，通过设置其属性和方法可以控制如何将服务器端的数据发送到客户端浏览器。Response 对象成员如表 6-4 所示。

表 6-4

成员	描述
数据集合 Cookies	设置客户端浏览器的 Cookies 值
属性 Buffer	输出页是否被缓冲
属性 CacheControl	代理服务器是否能缓存 ASP 生成的页面
属性 Status	服务器返回的状态行的值
属性 ContentType	指定响应的 HTTP 内容类型
属性 Charset	将字符集名称添加到内容类型标题中
属性 Expires	在浏览器缓存页面超时前，指定缓存时间
属性 ExpiresAbsolute	指定浏览器上缓存页面到期的日期和时间
属性 IsClientConneted	表明客户端是否跟服务器断开
属性 Pics	将 pics 标签的值添加到响应的标题的 pics 标签字段中
方法 Write	直接向客户端浏览器输出数据

续表 6-4

成员	描述
方法 End	停止处理 ASP 文件并返回当前结果
方法 Redirect	重定向当前页面，连接另一个 URL
方法 Clear	清除服务器缓存的 HTML 信息
方法 Flush	立即输出缓冲区的内容
方法 BinaryWrite	按字节格式向客户端浏览器输出数据，不进行任何字符集的转换
方法 AddHeader	设置 HTML 标题
方法 AppendToLog	在 Web 服务器的日志文件中记录日志

1．将信息从服务器端直接发送给客户端

Write 方法是 Response 对象常用的响应方法，将指定的字符串信息从 Server 端直接输送给 Client 端，在 Client 端动态地显示内容。

语法：

Response.Write variant

variant：输出到浏览器的变量数据或者字符串。

在页面中插入一个简单的输出语句时，可以用简化写法，代码如下：

```
<%="输出语句"%>
<%Response.Write"输出语句"%>
```

2．利用缓冲输出数据

Web 服务器响应客户端浏览器的请求时，以信息流的方式将响应的数据发送给客户浏览器，发送过程是先返回响应头，再返回正式的页面。在处量 ASP 页面时，信息流的发送方式则是生成一段页面就立即发出一段信息流返回给浏览器。

ASP 提供了另一种发送数据的方式，即利用缓存输出。缓存输出 Web 服务器生成 ASP 页面时，等 ASP 页面全部处理完成之后，再返回用户请求。

（1）使用缓冲输出。

● Buffer 属性。

● Flush 方法。

● Clear 方法。

（2）设置缓冲的有效期限。

● CacheControl 属性。

● Expires 属性。

● ExpiresAbsolute 属性。

3．重定向网页

网页重定向是指从一个网页跳转到其他页面。应用 Response 对象的 Redirect 方法可以将客户端浏览器重定向到另一个 Web 页面。如果需要从当前网页转移到一个新的 URL，而不用用户单击超链接或者搜索 URL，此时可以使用该方法使用浏览器直接重定向到新的 URL。

语法：

Response.Redirect URL

URL：资源定位符，表示浏览器重定向的目标页面。

调用 Redirect 方法将会忽略当前页面所有的输出而直接定向到被指定的页面，即在页面中显示设置的响应正文内容都被忽略。

4．向客户端输出二进制数据

利用 BinaryWrite 可以直接发送二进制数据，不需要进行任何字符集转换。

语法：

Response.BinaryWrite variable

variable：是一个变量，它的值是要输出的二进制数据，一般是非文字资料，如图像文件和声音文件等。

5．使用 Cookies 在客户端保存信息

Cookies 是一种将数据传送到客户端浏览器的文本句式，将数据保存在客户端硬盘上，从而与某个 Web 站点持久地保持会话。Response 对象跟 Request 对象都包含。Request.Cookies 是一系列 Cookies 数据，同客户端 HTTP Request 一起发给 Web 服务器；而 Response.Cookies 则是把 Web 服务器的 Cookies 发送到客户端。

（1）写入 Cookies。

向客户端发送 Cookies 的语法：

Response.Cookies("Cookies 名称")[("键名值").属性]=内容（数据）

必须放在发送给浏览器的 HTML 文件的<html>标签之前。

（2）读取 Cookies。

读取时，必须使用 Request 对象的 Cookies 集合。

语法：

<% =Request.Cookies("Cookies 名称")%>

6.2.4　Session 会话对象

用户可以使用 Session 对象存储特定会话所需的信息。这样，当用户在应用程序的 Web 页之间跳转时，存储在 Session 对象中的变量将不会丢失，而是在整个用户会话中一直存在下去。

当用户请求来自应用程序的 Web 页时，如果该用户还没有会话，则 Web 服务器将自动创建一个 Session 对象。当会话过期或被放弃后，服务器将终止该会话。

语法：

Session.collection|property|method

collection：Session 对象的集合。

property：Session 对象的属性。

method：Session 对象的方法。

Session 对象可以定义会话级变量。会话级变量是一种对象级的变量，隶属于 Session 对象，它的作用域等同于 Session 对象的作用域，例如：

<% session("username")="userli" %>

Session 对象的成员如表 6-5 所示。

表 6-5

成员	描述
集合 Contents	包含通过脚本命令添加到应用程序中的变量、对象
集合 StaticObjects	包含由<object>标签添加到会话中的对象
属性 SessionID	存储用户的 SessionID 信息
属性 Timeout	Session 的有效期，以分钟为单位
属性 CodePage	用于符号映射的代码页
属性 LCID	现场标识符
方法 Abandon	释放 Session 对象占用的资源
事件 Session_OnStart	尚未建立会话的用户请求访问页面时，触发该事件
事件 Session_OnEnd	会话超时或会话被放弃时，触发该事件

1. 返回当前会话的唯一标识符

SessionID 自动为每一个 Session 对象分配不同的编号，返回用户的会话标识。

语法：

Session.SessionID

此属性返回一个不重复的长整型数字。

例如，返回用户会话标识代码如下。

<% Response.Write Session.SessionID %>

2. 控制会话的结束时间

Timeout 用于定义会话有效访问时间，以分钟为单位。如果用户在有效的时间内没有进行刷新或请求一个网页，该会话结束，在网页中可以根据需要修改。代码如下。

```
<%
Session.Timeout=10
Response.Write "设置会话超时为：" & Session.Timeout & "分钟"
%>
```

3. 应用 Abandon 方法清除 Session 变量

用户结束使用 Session 变量时，应当清除 Session 对象。

语法：

Session.Abandon

如果程序中没有使用 Abandon，Session 对象在 Timeout 规定的时间到达后，将被自动清除。

6.2.5 Application 应用程序对象

ASP 程序是在 Web 服务器上运行的，在 Web 站点中创建一个基于 ASP 的应用程序之后，可以通过 Application 对象在 ASP 应用程序的所有用户之间共享信息。也就是说，Application 对象中包含的数据可以在整个 Web 站点中被所有用户使用，并且可以在网站运行期间持久保存数据。用 Application 对象可以实现统计网站的在线人数、创建多用户游戏以及创建多用户聊天室等功能。

语法：

Application.collection | method

collection：Application 对象的数据集合。

method：Application 对象的方法。

Application 对象可以定义应用级变量。应用级变量是一种对象级的变量，隶属于 Application 对象，它的作用域等同于 Application 对象的作用域，例如：

<%application("username")="manager"%>

Application 对象的主要功能是为 Web 应用程序提供全局性变量。

Application 的对象成员如表 6-6 所示。

表 6-6

成员	描述
集合 Contents	Application 层次的所有可用的变量集合，不包括<object>标签建立的变量
集合 StaticObjects	在"global.asa"文件中通过<object>建立的变量集合
方法 Contents.Remove	从 Application 对象的 Contents 集合中删除一个项目
方法 Contents.Removeall	从 Application 对象的 Contents 集合中删除所有项目
方法 Lock	锁定 Application 变量
方法 Unlock	解除 Application 变量的锁定状态
事件 Session_OnStart	当应用程序的第一个页面被请求时，触发该事件
事件 Session_OnEnd	当 Web 服务器关闭时这个事件中的代码被触发

1. 锁定和解锁 Application 对象

可以利用 Application 对象的 Lock 和 Unlock 方法确保在同一时刻只有一个用户可以修改和存储 Application 对象集合中的变量值。前者用来避免其他用户修改 Application 对象的任何变量，而后者则是允许其他用户对 Application 对象的变量进行修改，如表 6-7 所示。

表 6-7

方法	用途
Lock	禁止非锁定用户修改 Application 对象集合中的变量值
Unlock	允许非锁定用户修改 Application 对象集合中的变量值

2. 制作网站计数器

"global.asa"文件用来存放执行任何 ASP 应用程序期间的 Application、Session 事件程序，当 Application 或者 Session 对象被第一次调用或者结束时，就会执行该文件内的对应程序。一个应用程序只能对应一个"global.asa"文件，该文件只有存放在网站的根目录下才能正常运行。

"global.asa"文件的基本结构如下。

```
<Script Language="VBScript" Runat="Server">
Sub Application_OnStart
    …
End Sub
Sub Session_OnStart
    …
```

End Sub

Sub Session_OnEnd

　　…

End Sub

Sub Application_OnEnd

　　…

End Sub

</Script>

Application_OnStart 事件：是在 ASP 应用程序中的 ASP 页面第一次被访问时引发的。

Session_OnStart 事件：是在创建 Session 对象时触发的。

Session_OnEnd 事件：是在结束 Session 对象时触发的，即会话超时或者会话被放弃时引发该事件。

Application_OnEnd 事件：是在 Web 服务器被关闭时触发的，即结束 Application 对象时引发该事件。

在 "global.asa" 文件中，用户必须使用 ASP 所支持的脚本语言并且定义在<Script>标签之内，不能定义非 Application 对象或者 Session 对象的模板，否则将产生执行上的错误。

通过在 "global.asa" 文件的 Application_OnStart 事件中定义 Application 变量，可以统计网站的访问量。

6.2.6　Server 服务对象

Server 对象提供对服务器上的方法和属性的访问，大多数方法和属性是作为实用程序的功能提供的。

语法：

server.property|method

property：Server 对象的属性。

Method：Server 对象的方法。

例如，通过 Server 对象创建一个名为 "Conn" 的 ADO 的 Connection 对象实例，代码如下。

```
<%
    Dim Conn
Set Conn=Server.CreateObject("ADODB.Connection")
%>
```

Server 对象的成员如表 6-8 所示。

表 6-8

成员	描述
属性 ScriptTimeOut	该属性用来规定脚本文件执行的最长时间。如果超出最长时间还没有执行完毕，就自动停止执行，并显示超时错误
方法 CreateObject	用于创建组件、应用程序或脚本对象的实例，利用它就可以调用其他外部程序或组件的功能
方法 HTMLEncode	可以将字符串中的特殊字符（"<" ">" 和空格等）自动转换为字符实体

成员	描述
方法 URLEncode	用来转化字符串，不过它是按照 URL 规则对字符串进行转换的。按照该规则的规定，URL 字符串中如果出现空格、"?""&"等特殊字符，则接收端有可能接收不到准确的字符，因此就需要进行相应的转换
方法 MapPath	可以将虚拟路径转化为物理路径
方法 Execute	用来停止执行当前网页，执行新的网页，执行完毕后返回原网页，继续执行 Execute 方法后面的语句
方法 Transfer	该方法和 Execute 方法非常相似，唯一的区别是执行完新的网页后，并不返回原网页，而是停止执行过程

1. 设置 ASP 脚本的执行时间

Server 对象提供了一个 ScriptTimeOut 属性，ScriptTimeOut 属性用于获取和设置请求到期时间。ScriptTimeOut 属性是指脚本在结束前最长可运行多长时间，该属性可用于设置程序能够运行的最长时间。当处理服务器组件时，超时限制将不再生效，代码如下。

Server.ScriptTimeout=NumSeconds

NumSeconds 用于指定脚本在服务器结束前最大可运行的秒数，默认值为 90 秒。可以在 Internet 信息服务（IIS）管理器的"应用程序配置"对话框中更改这个默认值，如果将其设置为-1，则脚本将永远不会超时。

2. 创建服务器组件实例

调用 Server 对象的 CreateObject 方法可以创建服务器组件的实例，CreateObject 方法可以用来创建已注册到服务器上的 ActiveX 组件实例，这样可以通过使用 ActiveX 服务器组件扩展 ASP 的功能，实现一些仅依赖脚本语言所无法实现的功能。对于建立在组件对象模型上的对象，ASP 有标准和函数调用接口，只要在操作系统上登记注册了组件程序，COM 就会在系统注册表里维护这些资源，以供程序员调用。

语法：

Server.CreateObject(progID)

progID：指定要创建的对象的类型，其格式如下。

[Vendor.] component[.Version]。

Vendor：表示拥有该对象的应用名。

component：表示该对象组件的名字。

Version：表示版本号。

例如，创建一个名为"FSO"的 FileSystemObject 对象实例，并将其保存在 Session 对象变量中，代码如下。

```
<%
    Dim FSO=Server.CreateObject("Scripting.FileSystemObject")
    Session("ofile")=FSO
%>
```

CreateObject 方法仅能用来创建外置对象的实例，不能用来创建系统的内置对象实例。用该方法建立的对象实例仅在创建它的页面中是有效的，即当处理完该页面程序后，创建的对象会自动消失，若想在其他页面中引用该对象，可以将对象实例存储在 Session 对象或者 Application 对象中。

3．获取文件的真实物理路径

Server 对象的 MapPath 方法可以将指定的相对、虚拟路径映射到服务器上相应的物理目录。

语法：

Server.MapPath(string)

string：用于指定虚拟路径的字符串。

虚拟路径如果是以 "\" 或者 "/" 开始的，MapPath 方法将返回服务器端的宿主目录。如果虚拟路径以其他字符开头，MapPath 方法将把这个虚拟路径视为相对路径，相对于当前调用 MapPath 方法的页面，返回其他物理路径。

若想取得当前运行的 ASP 文件的真实路径，可以使用 Request 对象的服务器变量 PATH_INFO 来映射当前文件的物理路径。

4．输出 HTML 源代码

HTMLEncode 方法用于对指定的字符串采用 HTML 编码。

语法：

Server.HTMLEncode(string)

string：指定要编码的字符串。

当服务器端向浏览器输出 HTML 标签时，浏览器将其解释为 HTML 标签，并按照标签指定的格式显示在浏览器上。使用 HTMLEncode 方法可以在浏览器中原样输出 HTML 标签字符，即浏览器不对这些标签进行解释。

HTMLEncode 方法可以对指定的字符串进行 HTML 编码，将字符串中的 HTML 标签字符转换为实体。例如，HTML 标签字符 "<" 和 ">" 在编码后转化为 ">" 和 "<"。

6.2.7　ObjectContext 事务处理对象

ObjectContext 对象是一个以组件为主的事务处理系统，可以保证事务的成功完成。使用 ObjectContext 对象，允许程序在网页中直接配合 Microsoft Transaction Server（MTS）使用，从而可以管理或开发高效率的 Web 服务器应用程序。

事务是一个操作序列，这些序列可以视为一个整体。如果其中的某一个步骤没有完成，所有与该操作相关的内容都应该取消。

事务用于对数据库进行可靠的操作。

在 ASP 中使用@TRANSACTION 关键字来标识正在运行的页面要以 MTS 事务服务器来处理。

语法：

<%@TRANSACTION=value%>

其中@TRANSACTION 的取值有 4 个，如表 6-9 所示。

表 6-9

值	描述
Required	开始一个新的事务或加入一个已经存在的事务
Required_New	每次都是一个新的事务

续表 6-9

值	描述
Supported	加入一个现有的事务，但不开始一个新的事务
Not_Supported	既不加入也不开始一个新的事务

ObjectContext 对象提供了两个方法和两个事件控制 ASP 的事务处理。ObjectContext 对象的成员如表 6-10 所示。

表 6-10

成员	描述
方法 SetAbort	终止当前网页所启动的事务处理程序，将事务先前所做的处理撤销，回到初始状态
方法 SetComplete	成功提交事务，完成事务处理
事件 OnTransactionAbort	事务终止时触发的事件
事件 OnTransactionCommit	事务成功提交时触发的事件

SetAbort 方法将终止目前这个网页所启动的事务处理程序，而且将先前对此事务所做的处理撤销，回到初始状态，即将事务"回滚"，SetComplete 方法将终止目前这个网页所启动的事务处理程序，而且将成功地完成事务的提交。

语法：

ObjectContext.SetComplete

'SetComplete 方法

ObjectContext.SetAbort

'SetAbort 方法

ObjectContext 对象提供了 OnTransactionCommit 和 OnTransactionAbort 两个事件处理程序，前者在事务完成时被激活，后者在事务失败时被激活。

语法：

Sub OnTransactionCommit()

'处理程序

End Sub

Sub OnTransactionAbort()

'处理程序

End Sub

课堂练习——挖掘机网页

【练习知识要点】使用 Form 集合获取表单数据，如图 6-35 所示。

【素材所在位置】学习资源 > Ch06 > 素材 > 挖掘机网页 > index.asp。

【效果所在位置】学习资源 > Ch06 > 效果 > 挖掘机网页 > code.asp。

图 6-35

课后习题——卡玫摄影网页

【习题知识要点】使用 Response 对象的 Write 方法向浏览器端输出标签，显示日期，如图 6-36 所示。

【素材所在位置】学习资源 > Ch06 > 素材 > 卡玫摄影网页 > index.asp。

【效果所在位置】学习资源 > Ch06 > 效果 > 卡玫摄影网页 > index.asp。

图 6-36

第7章 CSS 样式

本章介绍

层叠样式表（CSS）是 W3C 组织批准的一种辅助 HTML 设计的语言，能保持整个 HTML 的统一外观。网页样式表的功能强大，操作灵活，用 CSS 改变一个文件就可以改变数百个文件的外观，而且个性化的表现更能吸引访问者。

学习目标

- 了解 CSS 的概念
- 掌握"CSS 设计器"面板的使用方法
- 了解 CSS 样式的类型
- 掌握 CSS 样式的创建与应用方法
- 掌握 CSS 的属性
- 掌握 CSS 过渡效果

技能目标

- 掌握节能环保网页的制作方法
- 掌握山地车网页的制作方法
- 掌握足球运动网页的制作方法

7.1　CSS 的概念

CSS 是 Cascading Style Sheet 的缩写，一般译为"层叠样式表"或"级联样式表"。层叠样式表是对 HTML 3.2 之前版本语法的变革，可将某些 HTML 标签属性简化。例如，要将一段文字的大小变成 36 像素，在 HTML 3.2 中写成"<p><font size="36">文字的大小</font></p>"，标签的层层嵌套使 HTML 程序臃肿不堪，而用层叠样式表可简化 HTML 标签属性，写成"<p style="font-size:36px">文字的大小</p>"即可。

层叠样式表是 HTML 的一部分，它将对象引入 HTML，可以通过脚本程序调用和改变对象的属性，从而产生动态效果。例如，要在将鼠标指针放到文字上时使文字的字号变大，用层叠样式表写成"<p onMouseOver="className='aa'">动态文字</p>"即可。

7.2　CSS 样式

层作为网页的容器元素，不仅可以在其中放置图像，还可以放置文字、表单、插件、层等网页元素。在 CSS 中，用 div、span 标签标识层。虽然层有强大的页面控制功能，但操作却很简单。

7.2.1　"CSS 设计器"面板

使用"CSS 设计器"面板可以创建、编辑和删除 CSS 样式，并且可以将外部样式表附加到文档中。

1. 打开"CSS 设计器"面板

弹出"CSS 设计器"面板有以下几种方法。

① 选择"窗口 > CSS 设计器"命令。

② 按 Shift+F11 组合键。

"CSS 设计器"面板如图 7-1 所示，该面板由 4 个选项组组成，分别是"源"选项组、"@媒体"选项组、"选择器"选项组和"属性"选项组。

"源"选项组：用于创建样式、附加样式、删除内部样式表和附加样式表。

"@媒体"选项组：用于控制所选源中的所有媒体查询。

"选择器"选项组：用于显示所选源中的所有选择器。

"属性"选项组：用于显示所选选择器的相关属性，提供仅显示已设置属性的选项。有"布局" 、"文本" 、"边框" 、"背景" 和"更多" 5 个类别按钮，显示在"属性"选项组的顶部，如图 7-2 所示。添加属性后，在该项属性的右侧出现"禁用 CSS 属性"按钮 和"删除 CSS 属性"按钮 ，如图 7-3 所示。

"禁用 CSS 属性"按钮 ：单击该按钮可以将该项属性禁用。再次单击可启用该项属性。

"删除 CSS 属性"按钮 ：单击该按钮可以删除该项属性。

图 7-1　　　　　　　　　　　图 7-2　　　　　　　　　　　图 7-3

2．样式表的功能

层叠样式表是 HTML 格式的代码，浏览器处理起来速度比较快。另外，Deamweaver CC 2018 提供了功能复杂、使用方便的层叠样式表，方便网站设计师制作个性化网页。样式表的功能归纳如下。

（1）灵活地控制网页中文字的字体、颜色、大小、位置和间距等。

（2）方便地为网页中的元素设置不同的背景颜色和背景图片。

（3）精确地控制网页各元素的位置。

（4）为文字或图片设置滤镜效果。

（5）与脚本语言结合制作动态效果。

7.2.2　CSS 样式的类型

CSS 样式可分为类选择器、标签选择器、ID 选择器、内联样式、复合选择器等几种。

1．类选择器

类选择器可以将样式属性应用于页面上所有的 HTML 元素。类选择器的名称必须以"."为前缀进行标识，后面加上类名，属性和值必须符合 CSS 规范，如图 7-4 所示。

图 7-4

将".text"样式应用于 HTML 元素，HTML 元素将以 class 属性进行引用，如图 7-5 所示。

图 7-5

2．标签选择器

标签选择器可以对页面中的同一标签进行声明，如对 p 标签进行声明，那么页面中所有的<p>标签将会使用相同的样式，如图 7-6 所示。

图 7-6

3．ID 选择器

ID 选择器与类选择器的使用方法基本相同，唯一不同之处是 ID 选择器只能在 HTML 页面中使用一次，针对性比较强。ID 选择器以 "#" 为前缀进行标识，后面加上 ID 名，如图 7-7 所示。

图 7-7

将 "#text" 样式应用于 HTML 元素，HTML 元素将以 id 属性进行引用，如图 7-8 所示。

```
17 ▼<body>
18  <span id="text">你好吗？</span>
19  </body>
20  </html>
```

图 7-8

4．内联样式

内联样式是直接以 style 属性将 CSS 代码写入 HTML 标签，如图 7-9 所示。

```
17 ▼<body>
18  <p style="font-family: '微软雅黑'; font-size: 12px;">你好吗？</p>
19  </body>
```

图 7-9

5．复合选择器

复合选择器可以将风格完全相同或部分相同的选择器同时声明，如图 7-10 所示。

```
14 ▼h1, h3, h4 {
15      font-family: "微软雅黑";
16      color: #FF0004;
17  }
```
同级别声明

```
14 ▼td p {
15      font-family: "微软雅黑";
16      color: #FF0004;
17  }
```
嵌套式声明

图 7-10

7.3 CSS 样式的创建与应用

若要为不同网页元素设定相同的格式，可先创建一个自定义样式，然后将它应用到文档的网页元素上。

7.3.1 课堂案例——节能环保网页

【案例学习目标】使用"CSS 设计器"面板修改文字的显示效果。

【案例知识要点】使用"CSS 设计器"面板定义样式，修改文字的颜色、字体和行距，如图 7-11 所示。

【效果所在位置】学习资源＞Ch07＞效果＞节能环保网页＞index.html。

图 7-11

（1）选择"文件＞打开"命令，在弹出的"打开"对话框中选择本书学习资源中的"Ch07＞素材＞节能环保网页＞index.html"文件，单击"打开"按钮打开文件，如图 7-12 所示。

图 7-12

（2）选择"窗口＞CSS 设计器"命令，弹出"CSS 设计器"面板，如图 7-13 所示。在"源"选项组中选中"<style>"选项，单击"选择器"选项组中的"添加选择器"按钮 ＋，在"选择器"选项组中出现文本框，如图 7-14 所示，输入名称".text"，按 Enter 键确认输入，如图 7-15 所示。

图 7-13   图 7-14   图 7-15

（3）在"属性"选项组中单击"文本"按钮 **T** ，切换到文本属性，如图 7-16 所示，将"color"设为白色，"font-family"设为"微软雅黑"，"line-height"设为 25 px，如图 7-17 所示。

图 7-16   图 7-17

（4）选中图 7-18 所示的文字，在"属性"面板的"类"下拉列表中选择"text"选项，应用样式，效果如图 7-19 所示。

图 7-18   图 7-19

（5）选中图 7-20 所示的文字，在"属性"面板的"类"下拉列表中选择"text"选项，应用样式，效果如图 7-21 所示。

| 图 7-20 | 图 7-21 |

（6）保存文档，按 F12 键预览效果，如图 7-22 所示。

7.3.2 创建 CSS 样式

使用 "CSS 设计器" 面板可以创建类选择器、标签选择器、ID 选择器和复合选择器等样式。

建立 CSS 样式的操作步骤如下。

（1）新建或打开一个文档。

（2）选择 "窗口 > CSS 设计器" 命令，弹出 "CSS 设计器" 面板，如图 7-23 所示。

（3）在 "CSS 设计器" 面板中单击 "源" 选项组中的 "添加 CSS 源" 按钮 ，在弹出的菜单

图 7-22

中选择 "在页面中定义" 选项，如图 7-24 所示，以确定 CSS 样式的保存位置，选择该选项后在 "源" 选项组中将出现 "<style>" 标签，如图 7-25 所示。

| 图 7-23 | 图 7-24 | 图 7-25 |

"创建新的 CSS 文件" 选项：用于创建一个独立的 CSS 文件，并将其附加到该文档中。

"附加现有的 CSS 文件" 选项：用于将现有的 CSS 文件附加到当前文档中。

"在页面中定义" 选项：用于将 CSS 文件定义在该文档中。

（4）单击 "选择器" 选项组中的 "添加选择器" 按钮 ，在 "选择器" 选项组中出现一个文本框，如图 7-26 所示。根据要定义的样式的类型输入名称，如定义类选择器，首先要输入 "."，如图 7-27 所示，再输入名称，如图 7-28 所示，按 Enter 键确认。

图 7-26   图 7-27   图 7-28

（5）在"属性"选项组中单击"文本"按钮 [T]，切换到有关文字的 CSS 属性，如图 7-29 所示。根据需要添加属性，如图 7-30 所示。

图 7-29   图 7-30

7.3.3 应用 CSS 样式

创建自定义样式后，还要为不同的网页元素应用不同的样式，其具体操作步骤如下。

（1）在文档窗口中选择网页元素。

（2）根据选择器类型使用不同的应用方法。

类选择器的应用方法如下。

① 在"属性"面板的"类"下拉列表中选择某自定义样式。

② 在文档窗口左下方的标签上单击鼠标右键，在弹出的菜单中选择"设置类"，在其子菜单中选择某自定义样式选项。在弹出的菜单中选择"设置类 > 无"选项，可以撤销样式的应用。

ID 选择器的应用方法如下。

① 在"属性"面板的"ID"下拉列表中选择某自定义样式。

② 在文档窗口左下方的标签上单击鼠标右键，在弹出的菜单中选择"设置 ID"，在其子菜单中选

择某自定义样式选项。在弹出的菜单中选择"设置 ID > 无"选项，可以撤销样式的应用。

7.3.4 创建和附加外部样式

如果不同网页的不同网页元素需要同一样式，则可通过附加外部样式来实现。首先创建一个外部样式，然后在不同网页的不同 HTML 元素中附加定义好的外部样式。

1．创建外部样式

（1）调出"CSS 设计器"面板。

（2）在"CSS 设计器"面板中单击"源"选项组中的"添加 CSS 源"按钮 ➕，在弹出的菜单中选择"创建新的 CSS 文件"选项，如图 7-31 所示，弹出"创建新的 CSS 文件"对话框，如图 7-32 所示。

图 7-31   图 7-32

（3）单击"文件/URL"选项右侧的"浏览..."按钮，弹出"将样式表文件另存为"对话框，在"文件名"文本框中输入自定义样式的文件名，如图 7-33 所示。单击"保存"按钮，返回到"创建新的 CSS 文件"对话框中，如图 7-34 所示。

（4）单击"确定"按钮，完成外部样式的创建。刚创建的外部样式会出现在"CSS 设计器"面板的"源"选项组中，如图 7-35 所示。

图 7-33   图 7-34

2. 附加外部样式

不同网页的不同 HTML 元素可以附加相同的外部样式，具体操作步骤如下。

（1）在文档窗口中选择网页元素。

（2）通过以下几种方法启动"使用现有的 CSS 文件"对话框，如图 7-36 所示。

① 选择"文件 > 附加样式表"命令。

② 选择"工具 > CSS > 附加样式表"命令。

③ 在"CSS 设计器"面板中单击"源"选项组中的"添加 CSS 源"按钮 ✚，在弹出的菜单中选择"附加现有的 CSS 文件"选项，如图 7-37 所示。

图 7-35

图 7-36

图 7-37

（3）单击"文件/URL"选项右侧的"浏览..."按钮，在弹出的"选择样式表文件"对话框中选择 CSS 样式文件，如图 7-38 所示。单击"确定"按钮，返回到"使用现有的 CSS 文件"对话框中，如图 7-39 所示。

图 7-38

图 7-39

对话框中各选项的作用如下。

"文件/URL"选项：直接输入外部样式文件名，或单击"浏览..."按钮选择外部样式文件。

"添加为"选项组：包括"链接"和"导入"两个选项。"链接"选项表示传递外部 CSS 样式信息而不将其导入网页文档，在页面代码中生成<link>标签；"导入"选项表示将外部 CSS 样式信息导入网页文档，在页面代码中生成<@Import>标签。

（4）单击"确定"按钮，完成外部样式的附加。刚附加的外部样式会出现在"CSS 设计器"面板的"源"选项组中。

7.4 编辑 CSS 样式

网站设计者有时需要修改应用于文档的内部样式和外部样式，如果修改内部样式，则会自动重新设置受它控制的所有 HTML 对象的格式；如果修改外部样式文件，则会自动重新设置与它链接的所有 HTML 文档。

编辑 CSS 样式有以下几种方法。

① 先在"CSS 设计器"面板的"选择器"选项组中选中某样式，然后在"属性"选项组中根据需要设置 CSS 属性，如图 7-40 所示。

② 在"属性"面板中单击"编辑规则"按钮，如图 7-41 所示，弹出 CSS 规则定义对话框，如图 7-42 所示，最后根据需要设置 CSS 属性，单击"确定"按钮完成设置。

图 7-40

图 7-41

图 7-42

7.5 CSS 的属性

CSS 样式可以控制网页元素的外观，如定义字体、颜色、边距等，这些都是通过设置 CSS 样式的属性来实现的。CSS 样式属性有很多种，包括"布局""文本""边框"和"背景"等，用于设定不同网页元素的外观。下面分别进行介绍。

7.5.1 课堂案例——山地车网页

【案例学习目标】使用"CSS 设计器"面板制作菜单效果。

【案例知识要点】使用"Table"按钮插入表格，使用"CSS 设计器"面板设置翻转效果的链接，如图 7-43 所示。

【效果所在位置】学习资源 > Ch07 > 效果 > 山地车网页 > index.html。

图 7-43

1. 插入表格并输入文字

（1）选择"文件 > 打开"命令，在弹出的"打开"对话框中选择本书学习资源中的"Ch07 > 素材 > 山地车网页 > index.html"文件，单击"打开"按钮打开文件，如图 7-44 所示。将光标置于如图 7-45 所示的单元格中。

图 7-44   图 7-45

（2）在"插入"面板的"HTML"选项卡中单击"Table"按钮 ▦，在弹出的"Table"对话框中进行设置，如图 7-46 所示，单击"确定"按钮完成表格的插入，效果如图 7-47 所示。

图 7-46   图 7-47

（3）在"属性"面板的"表格"文本框中输入"Nav"，如图 7-48 所示。在单元格中输入文字，如图 7-49 所示。

图 7-48　　　　　　图 7-49

（4）选中文字"图片新闻"，如图 7-50 所示，在"属性"面板的"链接"文本框中输入"#"，为文字制作空链接效果，如图 7-51 所示。用相同的方法为其他文字添加链接，效果如图 7-52 所示。

图 7-50　　　　　　　　　　　图 7-51　　　　　　　　　　　图 7-52

2. 设置 CSS 属性

（1）选择"窗口 > CSS 设计器"命令，弹出"CSS 设计器"面板。单击"源"选项组中的"添加 CSS 源"按钮 ✚，在弹出的菜单中选择"创建新的 CSS 文件"选项，弹出"创建新的 CSS 文件"对话框，如图 7-53 所示，单击"文件/URL"选项右侧的"浏览..."按钮，弹出"将样式表文件另存为"对话框，在"文件名"文本框中输入"style"，如图 7-54 所示。单击"保存"按钮，返回到"创建新的 CSS 文件"对话框中，单击"确定"按钮，完成样式的创建。

图 7-53　　　　　　　　　　　　　　　　图 7-54

（2）单击"选择器"选项组中的"添加选择器"按钮 ✚，在"选择器"选项组中出现文本框，输入名称"#Nav a:link, #Nav a:visited"，按 Enter 键确认输入，如图 7-55 所示。在"属性"选项组中单击"文本"按钮 🔳，切换到文本属性，将"color"设为黑色，单击"text-align"选项右侧的"center"

按钮▤，如图 7-56 所示；单击"背景"按钮▨，切换到背景属性，将"background-color"设为灰白色（#F2F2F2），如图 7-57 所示。

图 7-55

图 7-56

图 7-57

（3）单击"布局"按钮▦，切换到布局属性，将"display"设为"block"，"padding"设为 4 px，如图 7-58 所示；单击"边框"按钮▭，切换到边框属性，单击"border"选项下方的"所有边"按钮▣，将"width"设为 2 px，"style"设为"solid"，"color"设为白色，如图 7-59 所示。

图 7-58

图 7-59

（4）单击"选择器"选项组中的"添加选择器"按钮✚，在"选择器"选项组中出现的文本框中，输入名称"#Nav a:hover"，按 Enter 键确认输入，如图 7-60 所示。在"属性"选项组中单击"背景"按钮▨，切换到背景属性，将"background-color"设为白色，如图 7-61 所示；单击"布局"按钮▦，切换到布局属性，将"margin"设为 2 px，"padding"设为 2 px，如图 7-62 所示。

（5）单击"边框"按钮▭，切换到边框属性，单击"border"选项下方的"顶部"按钮▢，将"width"设为 1px，"style"设为"solid"，"color"设为蓝色（#29679C），如图 7-63 所示。用相同的方法设置底边线样式，如图 7-64 所示。

图 7-60

图 7-61

图 7-62

图 7-63

图 7-64

（6）保存文档，按 F12 键预览效果，如图 7-65 所示。当鼠标指针滑过导航按钮时，背景和边框颜色改变，效果如图 7-66 所示。

图 7-65

图 7-66

7.5.2　布局属性

"布局"选项组用于控制网页中块元素的大小、边距、填充和位置属性等，如图 7-67 所示。

图 7-67

"布局"选项组包括以下 CSS 属性。

"width"（宽）和"height"（高）选项：设置元素的宽度和高度，使盒子的宽度不受它所包含内容的影响。

"min-width"（最小宽度）和"min-height"（最小高度）选项：设置元素的最小宽度和最小高度。

"max-width"（最大宽度）和"max-height"（最大高度）选项：设置元素的最大宽度和最大高度。

"display"（显示）选项：指定是否以及如何显示元素。"none"（无）选项表示隐藏应用此属性的元素。

"margin"（边界）选项组：控制块元素四周的边距大小，包括"margin-top"（上）、"margin-bottom"（下）、"margin-right"（右）和"margin-left"（左）4 个选项。若单击"单击以更改所有属性"按钮，则可为块元素四周设置相同的边距；否则可为块元素四周设置不同的边距。

"padding"（填充）选项组：控制元素内容与盒子边框的间距，包括"padding-top"（上）、"padding-bottom"（下）、"padding-right"（右）和"padding-left"（左）4 个选项。若单击"单击以更改所有属性"按钮，则可为块元素的各个边设置相同的填充效果；否则可为块元素的各个边设置不同的填充效果。

"position"（类型）选项：确定定位的类型，其下拉列表中包括"static"（静态）、"absolute"（绝对）、"fixed"（固定）和"relative"（相对）4 个选项。"static"（静态）选项表示以对象在文档中的位置为坐标原点，将层放在它在文本中的位置；"absolute"（绝对）选项表示以页面左上角为坐标原点，使用"top"（上）、"right"（右）、"bottom"（下）和"left"（左）选项中输入的坐标值来放置层；"fixed"（固定）选项表示以页面左上角为坐标原点放置内容，当用户滚动页面时，内容将在此位置保持固定；"relative"（相对）选项表示以对象在文档中的位置为坐标原点，使用"top"（上）、"right"（右）、"bottom"

（下）和"left"（左）选项中输入的坐标值来放置层。确定定位类型后，可通过"top"（上）、"right"（右）、"bottom"（下）和"left"（左）4 个选项来确定元素在网页中的具体位置。

"float"（浮动）选项：设置网页元素（如文本、层、表格等）的浮动效果。IE 浏览器和 Netscape 浏览器都支持"float"选项的设置。

"clear"（清除）选项：清除设置的浮动效果。

"overflow-x"（水平溢位）和"overflow-y"（垂直溢位）选项：此选项仅限于 CSS 层使用，用于确定当层的内容超出它的尺寸时层的显示状态。其中，"visible"（可见）选项表示当层的内容超出层的尺寸时，层向右下方扩展以增加层的大小，使层内的所有内容均可见。"hidden"（隐藏）选项表示保持层的大小并剪辑层内任何超出层尺寸的内容。"scroll"（滚动）选项表示不论层的内容是否超出层的边界都在层内添加滚动条。"scroll"（滚动）选项不显示在文档窗口中，并且仅适用于支持滚动条的浏览器。"auto"（自动）选项表示滚动条仅在层的内容超出层的边界时才显示。"auto"（自动）选项不显示在文档窗口中。

"visibility"（显示）选项：确定层的初始显示状态，包括"inherit"（继承）、"visible"（可见）、"hidden"（隐藏）和"collapse"（合并）4 个选项。"inherit"（继承）选项表示继承父级层的可见性属性。如果层没有父级层，则它将是可见的。"visible"（可见）选项表示无论父级层如何设置，都显示该层的内容。"hidden"（隐藏）选项表示无论父级层如何设置，都隐藏层的内容。如果不设置"visibility"（显示）选项，则默认情况下在大多数浏览器中层都继承父级层的属性。

"z-index"（z 轴）选项：确定层的堆叠顺序，为元素设置重叠效果。编号较大的层显示在编号较小的层的上面。该选项使用整数，可以为正，也可以为负。

"opacity"（不透明度）选项：设置元素的不透明度，取值范围为 0~1，当值为 0 时表示元素完全透明，当值为 1 时表示元素完全不透明。

7.5.3 文本属性

"文本"选项组用于控制网页中文字的字体、字号、颜色、行距、首行缩进、对齐方式、文本阴影和列表属性等，如图 7-68 所示。

图 7-68

"文本"选项组包括以下 CSS 属性。

"color"（颜色）选项：设置文本的颜色。

"font-family"（字体）选项：为文字设置字体。

"font-style"（样式）选项：指定字体的风格为"normal"（正常）、"italic"（斜体）或"oblique"（偏斜体）。默认设置为"normal"（正常）。

"font-variant"（变体）选项：将正常文本尺寸缩小一半后大写显示，IE 浏览器不支持该选项。Dreamweaver CC 2018 不在文档窗口中显示该选项。

"font-weight"（粗细）选项：为字体设置粗细效果。它包含"normal"（正常）、"bold"（粗体）、"bolder"（特粗）、"lighter"（细体）选项和多个具体粗细值选项。通常"normal"（正常）选项等于 400 像素，"bold"（粗体）选项等于 700 像素。

"font-size"（大小）选项：定义文本的大小。可在选项右侧的下拉列表中选择度量单位并输入具体数值。一般以像素为单位，因为它可以有效地防止浏览器破坏文本的显示效果。

"line-height"（行高）选项：设置文本所在行的行高度。可在选项右侧的下拉列表中选择度量单位并输入具体数值。若选择"normal"（正常）选项，则自动计算字体大小以适应行高。

"text-align"（文本对齐）选项：设置区块文本的对齐方式，包括"left"（左对齐）按钮 、"center"（居中）按钮 、"right"（右对齐）按钮 和"justify"（两端对齐）按钮 4 个按钮。

"text-decoration"（修饰）选项组：控制链接文本的显示形态，包括"none"（无）按钮 、"underline"（下划线）按钮 、"overline"（上划线）按钮 、"line-through"（删除线）按钮 4 个按钮。文本的默认设置是"none"（无），链接的默认设置为"underline"（下划线）。

"text-indent"（文字缩进）选项：设置区块文本的缩进程度。若要让区块文本凸出显示，则该选项值为负值，但显示效果主要取决于浏览器。

"text-shadow"（文本阴影）选项：设置文本阴影效果，可以为文本添加一个或多个阴影效果。"h-shadow"（水平阴影位置）选项设置阴影的水平位置。"v-shadow"（垂直阴影位置）选项设置阴影的垂直位置。"blur"（模糊）选项设置阴影的边缘模糊效果。"color"（颜色）选项设置阴影的颜色。

"text-transform"（大小写）选项：将选定内容中每个单词的首字母大写，或将文本设置为全部大写或小写。它包括"none"（无）按钮 、"capitalize"（首字母大写）按钮 、"uppercase"（大写）按钮 和"lowercase"（小写）按钮 4 个按钮。

"letter-spacing"（字母间距）选项：设置字母的间距。若要减小字母间距，则可以将该选项值设置为负值。IE 浏览器 4.0 版本和更高版本以及 Netscape Navigator 浏览器 6.0 版本支持该选项。

"word-spacing"（单词间距）选项：设置单词的间距。若要减小单词间距，则可以将该选项值设置为负值，但其显示效果取决于浏览器。

"white-space"（空格）选项：控制元素中空格的输入，包括"normal"（正常）、"nowrap"（不换行）、"pre"（保留）、"pre-line"（保留换行符）和"pre-wrap"（保留换行）5 个选项。

"vertical-align"（垂直对齐）选项：控制文字或图像相对于其母体元素的垂直位置。若将图像同其母体元素文字的顶部垂直对齐，则该图像将在该行文字的顶部显示。该选项包括"baseline"（基线）、"sub"（下标）、"super"（上标）、"top"（顶部）、"text-top"（文本顶对齐）、"middle"（中线对齐）、"bottom"（底部）和"text-bottom"（文本底对齐）8 个选项和多个单位选项。"baseline"（基线）选项表示将元素的基准线同母体元素的基准线对齐；"top"（顶部）选项表示将元素的顶部同最高的母体元素对齐；"bottom"（底部）选项表示将元素的底部同最低的母体元素对齐；"sub"（下标）选项表示将元素以下标形式显示；"super"（上标）选项表示将元素以上标形式显示；"text-top"（文本顶对齐）选项表示将元素顶部同母体元素文字的顶部对齐；"middle"（中线对齐）选项表示将元素中心线同母体元素文字的中心线对齐；"text-bottom"（文本底对齐）选项表示将元素底部同母体元素文字的底部对齐。

"list-style-position"（位置）选项：用于描述列表的位置，包括"inside"（内）按钮![icon]和"outside"（外）按钮![icon]两个按钮。

"list-style-image"（项目符号图像）选项：为项目符号指定自定义图像，包括"url"（链接）和"none"（无）两个选项。

"list-style-type"（类型）选项：设置项目符号或编号的外观。其下拉列表中有 21 个选项，其中比较常用的有"disc"（圆点）、"circle"（圆圈）、"square"（方块）、"decimal"（数字）、"lower-roman"（小写罗马数字）、"upper-roman"（大写罗马数字）、"lower-alpha"（小写字母）、"upper-alpha"（大写字母）和"none"（无）等。

7.5.4 边框属性

"边框"选项组用于控制块元素边框的粗细、样式、颜色及圆角，如图 7-69 所示。

"边框"选项组包括以下 CSS 属性。

"border"（边框）选项：以速记的方法设置所有边框的粗细、样式及颜色。如果需要对单个边框或多个边框进行自定义，可以单击"border"选项下方的"所有边"按钮![icon]、"顶部"按钮![icon]、"右侧"按钮![icon]、"底部"按钮![icon]、"左侧"按钮![icon]，切换到相应的属性。通过"width"（宽度）、"style"（样式）和"color"（颜色）3 个属性来设置边框的显示效果。

"width"（宽度）选项：设置块元素边框线的粗细，其下拉列表中包括"thin"（细）、"medium"（中）、"thick"（粗）3 个选项和多个单位选项。

"style"（样式）选项：设置块元素边框线的样式，其下拉列表中包括"none"（无）、"dotted"（点划线）、"dashed"（虚线）、"solid"

图 7-69

（实线）、"double"（双线）、"groove"（槽状）、"ridge"（脊状）、"inset"（凹陷）、"outset"（凸出）和"hidden"（隐藏）10 个选项。

"color"（颜色）选项：设置块元素边框线的颜色。

"border-radius"（圆角）选项：以速记的方法设置所有边角的半径（r）。如设置速记为"10 px"，表示所有边角的半径均为 10 px。如果需要设置单个边角的半径，则可直接在相应的边角处输入数值，如图 7-70 所示。

![4r]：单击此按钮，边角的半径以 4r 的方式输入，如图 7-71 所示。

![8r]：单击此按钮，边角的半径以 8r 的方式输入，如图 7-72 所示。

図 7-70　　　　　　　　　　　　図 7-71　　　　　　　　　　　　図 7-72

"border-collapse"（边框折叠）选项：设置边框是否折叠为单一边框显示，包括 "collapse"（合并）按钮和 "separate"（分离）按钮两个按钮。

"border-spacing"（边框空间）选项：设置两个相邻边框之间的距离。该选项仅用于 "border-collapse" 选项为 "separate" 时。

7.5.5　背景属性

"背景" 选项组用于在网页元素后加入背景图像或背景颜色，如图 7-73 所示。

图 7-73

"背景" 选项组包括以下 CSS 属性。

"background-color"（背景颜色）选项：设置网页元素的背景颜色。

"background-image"（背景图像）选项：设置网页元素的背景图像。

"background-position"（背景位置）选项：设置背景图像相对于元素的初始位置，包括 "left"（左对齐）、"right"（右对齐）、"center"（居中）、"top"（顶部）、"bottom"（底部）和 "center"（居中）6 个选项和多个单位选项。该选项可将背景图像与页面中心垂直对齐和水平对齐。

"background-size"（背景尺寸）选项：设置背景图像的宽度和高度来确定背景图像的大小。

"background-clip"（背景剪辑）选项：设置背景的绘制区域，包括 "padding-box"（剪辑内边距）、"border-box"（剪辑边框）、"content-box"（剪辑内容框）3 个选项。

"background-repeat"（背景重复）选项：设置背景图像的平铺方式，包括 "repeat"（重复）按钮、

"repeat-x"（横向重复）按钮 ▪▪、"repeat-y"（纵向重复）按钮 ▪ 和 "no- repeat"（不重复）按钮 ▪ 4 个按钮。若单击 "repeat"（重复）按钮 ▦，则在元素的后面水平或垂直平铺图像；若单击 "repeat-x"（横向重复）按钮 ▪▪ 或 "repeat-y"（纵向重复）按钮 ▪，则在元素的后面沿水平方向平铺图像或沿垂直方向平铺图像，此时图像被剪辑以适合元素的边界；若单击 "no-repeat"（不重复）按钮 ▪，则在元素开始处按原图大小显示一次图像。

"background-origin"（背景原点）选项：设置 "background-position" 选项以哪种方式进行定位，包括 "padding-box"（剪辑内边距）、"border-box"（剪辑边框）、"content-box"（剪辑内容框）3 个选项。当 "background-attachment" 选项为 "fixed" 时，该属性无效。

"background-attachment"（背景滚动）选项：设置背景图像为固定的或随页面内容的移动而移动，包括 "scroll"（滚动）和 "fixed"（固定）两个选项。

"box-shadow（方框阴影）"选项：设置方框阴影效果，可为方框添加一个或多个阴影。通过 "h-shadow"（水平阴影位置）和 "v-shadow"（垂直阴影位置）选项设置阴影的水平和垂直位置；"blur"（模糊）选项设置阴影的边缘模糊效果；"color"（颜色）选项设置阴影的颜色；"inset"（插入）选项设置是外部阴影还是内部阴影。

7.6 过渡效果

当用鼠标单击、鼠标指针滑过或对元素进行任何改变时可以触发 CSS 过渡效果，可以使用 "CSS 过渡效果" 面板创建、编辑和删除过渡效果，并允许 CSS 属性值在一定时间区间内平滑地过渡。

7.6.1 课堂案例——足球运动网页

【案例学习目标】使用 "CSS 过渡效果" 命令制作过渡效果。

【案例知识要点】使用 "CSS 设计器" 面板设置文字的字体、颜色，使用 "CSS 过渡效果" 面板设置文字的变色效果，如图 7-74 所示。

【效果所在位置】学习资源 > Ch07 > 效果 > 足球运动网页 > index.html。

（1）选择 "文件 > 打开" 命令，在弹出的 "打开" 对话框中选择本书学习资源中的 "Ch07 > 素材 > 足球运动网页 > index.html" 文件，单击 "打开" 按钮打开文件，效果如图 7-75 所示。

图 7-74

图 7-75

（2）选择 "窗口 > CSS 设计器" 命令，弹出 "CSS 设计器" 面板。单击 "选择器" 选项组中的 "添加选择器"按钮 **+**,"选择器"选项组中出现文本框,输入名称".text",按 Enter 键确认输入,如图 7-76 所示。在"属性"选项组中单击"文本"按钮 **T**,切换到文本属性,将"color"设为白色,"font-family"设为"ITC Franklin Gothic Heavy","font-size"设为 48 px,如图 7-77 所示。

图 7-76

图 7-77

（3）选中图 7-78 所示的文字,在"属性"面板的"类"下拉列表中选择"text"选项,应用样式,效果如图 7-79 所示。

图 7-78

图 7-79

（4）选择"窗口 > CSS 过渡效果"命令,弹出"CSS 过渡效果"面板,如图 7-80 所示。单击"新建过渡效果"按钮 **+**,弹出"新建过渡效果"对话框,如图 7-81 所示。

图 7-80

图 7-81

（5）在"目标规则"下拉列表中选择".text"选项，在"过渡效果开启"下拉列表中选择"hover"选项，将"持续时间"设为 2 s，"延迟"设为 1 s，如图 7-82 所示；单击"属性"选项下方的 ➕ 按钮，在弹出的菜单中选择"color"选项，将"结束值"设为红色（#FF0004），如图 7-83 所示。单击"创建过渡效果"按钮，完成过渡效果的创建。

图 7-82   图 7-83

（6）在 Dreamweaver CC 2018 中看不到过渡的真实效果，只有在浏览器中才能看到真实效果。保存文档，按 F12 键预览效果，如图 7-84 所示。当鼠标指针悬停在文字上时，文字在 1 s 后变为红色，如图 7-85 所示。

图 7-84   图 7-85

7.6.2　"CSS 过渡效果"面板

在"CSS 过渡效果"面板中可以新建、删除和编辑 CSS 过渡效果，如图 7-86 所示。

"新建过渡效果"按钮 ➕：单击此按钮，可以创建新的过渡效果。

"删除选定的过渡效果"按钮 ➖：单击此按钮，可以将选定的过渡效果删除。

"编辑所选过渡效果"按钮 ✏：单击此按钮，可以在弹出的"编辑过渡效果"对话框中修改所选的过渡属性。

图 7-86

7.6.3 创建 CSS 过渡效果

在创建 CSS 过渡效果时，需要为元素指定过渡效果类。如果在创建效果类之前已选择元素，则过渡效果类会自动应用于选定的元素。

建立 CSS 过渡效果的操作步骤如下。

（1）新建或打开一个文档。

（2）选择"窗口 > CSS 过渡效果"命令，弹出"CSS 过渡效果"面板，如图 7-87 所示。

（3）单击"新建过渡效果"按钮 ，弹出"新建过渡效果"对话框，如图 7-88 所示。

图 7-87

图 7-88

"目标规则"选项：用于选择或输入所要创建的过渡效果的类型。

"过渡效果开启"选项：用于设置过渡效果以哪种类型触发。

"对所有属性使用相同的过渡效果"选项：选择此项，各属性的"持续时间""延迟"和"计时功能"选项的值相同。

"对每个属性使用不同的过渡效果"选项：选择此项，可以将各属性的"持续时间""延迟"和"计时功能"选项设置为不同的值。

"属性"选项：用于添加属性。单击"属性"选项下方的 按钮，可以在弹出的菜单中选择需要的属性。

"结束值"选项：用于设置添加的属性值。

"选择过渡的创建位置"选项：用于设置过渡效果所保存的位置，包括"（仅限该文档）"和"（新建样式表文件）"两个选项。

（4）设置好选项后，单击"创建过渡效果"按钮，完成过渡效果的创建，"CSS 过渡效果"面板中自动生成创建的过渡效果。

（5）在 Dreamweaver CC 2018 中看不到过渡的真实效果，只有在浏览器中才能看到真实效果。保存文档，按 F12 键预览效果。

课堂练习——汽车配件网页

【练习知识要点】使用"CSS 设计器"面板设置项目列表的样式、超链接的显示效果，如图 7-89 所示。

【素材所在位置】学习资源 > Ch07 > 素材 > 汽车配件网页 > index.html。

【效果所在位置】学习资源 > Ch07 > 效果 > 汽车配件网页 > index.html。

图 7-89

课后习题——布艺沙发网页

【习题知识要点】使用"CSS 过渡效果"面板制作超链接变化效果，效果如图 7-90 所示。

【素材所在位置】学习资源 > Ch07 > 素材 > 布艺沙发网页 > index.html。

【效果所在位置】学习资源 > Ch07 > 效果 > 布艺沙发网页 > index.html。

图 7-90

第8章 模板和库

本章介绍

每个网站都是由多个整齐、规范、流畅的网页组成的。为了保持站点中网页风格的统一，需要在每个网页中制作一些相同的内容，如相同栏目下的导航条、各类图标等，因此网站制作者需要花费大量的时间和精力在重复性的工作上。为了减少网页制作者的工作量，提高他们的工作效率，使他们从大量重复性工作中解脱出来，Dreamweaver CC 2018 提供了模板和库功能。

学习目标

- 掌握"资源"面板的使用方法
- 掌握模板、可编辑区域、重复区域、重复表格的创建方法
- 掌握重命名模板、修改模板文件、更新站点和删除模板文件的方法
- 掌握创建库文件的方法
- 掌握重命名、删除、修改和更新库项目的方法

技能目标

- 掌握电子吉他网页的制作方法
- 掌握鲜果批发网页的制作方法

8.1 "资源"面板

"资源"面板用于管理和使用制作网站的各种元素，如图像或视频文件等。选择"窗口 > 资源"命令，弹出"资源"面板，如图 8-1 所示。

"资源"面板提供了"站点"和"收藏"两种查看资源的方式，"站点"列表显示站点的所有资源，"收藏"列表仅显示用户曾明确选择过的资源。在这两个列表中，有"图像" 、"颜色" 、"URLs" 、"媒体" 、"脚本" 、"模板" 、"库" 7 个类别按钮，显示在"资源"面板的左侧。"图像"列表中只显示 GIF、JPEG 或 PNG 格式的图像文件；"颜色"列表显示站点的文档和样式表中使用的颜色，包括文本颜色、背景颜色和链接颜色；"链接"列表显示当前站点文档中的外部链接，包括 FTP、Gopher、HTTP、HTTPS、JavaScript、电子邮件（mailto）和本地文件（file://）类型的链接；"媒体"列表显示任意版本的"*.quicktime"文件、"*.mpeg"文件或"*.swf"文件，不显示 Flash 源文件；"脚本"列表显示独立的 JavaScript 或 VBScript 文件；"模板"列表显示模板文件，方便用户在多个页面上重复使用同一页面布局；"库"列表显示定义的库项目。

面板底部排列着 5 个按钮，在"模板"列表中，分别是"应用"按钮 应用 、"刷新站点列表"按钮 、"新建模板"按钮 、"编辑"按钮 和"删除"按钮 。"应用"按钮用于将"资源"面板中选定的模板直接应用到文档中；"刷新站点列表"按钮用于刷新站点列表；"新建模板"按钮用于建立新的模板；"编辑"按钮用于编辑当前选定的模板；"删除"按钮用于删除选定的模板。单击面板右上方的菜单按钮 ，弹出一个菜单，菜单中包括"资源"面板中的一些常用命令，如图 8-2 所示。

图 8-1

图 8-2

8.2 模板

模板可以理解成模具，当需要制作相同的东西时只需将原始素材放入模板即可实现，既省时又省力。Dreamweaver CC 2018 提供的模板也是基于此目的，如果要制作大量相同或相似的网页，只需在页面布局设计好之后将它保存为模板页面，然后利用模板创建相同布局的网页，并且在修改模板的同时修改附加在该模板的所有页面上的布局。这样，就能大大提高设计者的工作效率。

当将文档另存为模板时，Dreamweaver CC 2018 自动锁定文档的大部分区域。模板创作者需指定模板文档中的哪些区域可编辑，哪些网页元素应长期保留，不可编辑。

Dreamweaver CC 2018 中共有 4 种类型的模板区域。

可编辑区域：是基于模板的文档中的未锁定区域，它是模板用户可以编辑的部分。模板创作者可以将模板的任何区域指定为可编辑的。要让模板生效，它应该至少包含一个可编辑区域，否则，将无法编辑基于该模板的页面。

重复区域：是文档中设置为重复的布局部分。例如，可以设置重复一个表格行。通常重复区域是可编辑的，这样模板用户可以编辑重复元素中的内容，同时使设计本身处于模板创作者的控制之下。在基于模板的文档中，模板用户可以根据需要，使用重复区域控制选项添加或删除重复区域的副本。

可选区域：是在模板中指定的可选的部分，用于保存有可能在基于模板的文档中出现的内容，如可选文本或图像。在基于模板的页面上，模板用户通常控制是否显示内容。

可编辑标签属性：在模板中解锁标签属性，以使该属性可以在基于模板的页面中被编辑。

8.2.1　课堂案例——电子吉他网页

【案例学习目标】使用"HTML"面板"模板"选项卡中的按钮制作模板网页。

【案例知识要点】使用"创建模板"按钮创建模板，使用"可编辑区域"和"重复区域"按钮制作可编辑区域和重复区域，如图 8-3 所示。

【效果所在位置】学习资源 > Templates > Guitar.dwt。

图 8-3

1. 创建模板

（1）选择"文件 > 打开"命令，在弹出的"打开"对话框中选择本书学习资源中的"Ch08 > 素材 > 电子吉他网页 > index.html"文件，单击"打开"按钮打开文件，如图 8-4 所示。

（2）选择"文件 > 另存为模板"命令，在弹出的"另存模板"对话框中进行设置，如图 8-5 所示，单击"保存"按钮，弹出"Dreamweaver"提示对话框，如图 8-6 所示，单击"是"按钮，将当前文档转换为模板文档，文档名称也随之改变，如图 8-7 所示。

图 8-4

图 8-5

155

图 8-6

图 8-7

2. 创建可编辑区域

（1）选中图 8-8 所示的表格，在"插入"面板的"模板"选项卡中单击"重复区域"按钮，弹出"新建重复区域"对话框，在"名称"文本框中输入名称，如图 8-9 所示，单击"确定"按钮，创建重复区域，如图 8-10 所示。

图 8-8

图 8-9

图 8-10

（2）选中图 8-11 所示的图片，在"插入"面板的"模板"选项卡中单击"可编辑区域"按钮，弹出"新建可编辑区域"对话框，如图 8-12 所示，单击"确定"按钮，创建可编辑区域，效果如图 8-13 所示。

图 8-11

图 8-12

图 8-13

（3）模板网页制作完成，效果如图 8-14 所示。

8.2.2　创建模板

在 Dreamweaver 中创建模板非常容易，如同制作网页一样。当用户创建模板之后，Dreamweaver 自动把模板存储在站点的本地根目录下的"Templates"子文件夹中，文件扩展名为".dwt"。如果此文件夹不存在，当存储一个新模板时，Dreamweaver CC 2018 将自动生成此文件夹。

图 8-14

1．创建空模板

创建空白模板有以下几种方法。

① 新建空白文档，单击"插入"面板"模板"选项卡中的"创建模板"按钮 ，将当前空白文档转换为模板文档。

② 在"资源"面板中单击"模板"按钮 ，此时列表为"模板"列表，如图 8-15 所示。然后单击下方的"新建模板"按钮 ，创建空模板，此时新的模板被添加到"资源"面板的"模板"列表中，为该模板输入名称，如图 8-16 所示。

③ 在"资源"面板的"模板"列表中单击鼠标右键，在弹出的菜单中选择"新建模板"命令。

图 8-15　　　　　　　图 8-16

> **提示**　　如果要修改新建的空模板，则先在"模板"列表中选中该模板，然后单击"资源"面板右下方的"编辑"按钮 。如果要重命名新建的空模板，则单击"资源"面板右上方的菜单按钮 ，从弹出的菜单中选择"重命名"命令，然后输入新名称。

2．将现有文档存为模板

（1）选择"文件 > 打开"命令，弹出"打开"对话框，如图 8-17 所示，选择要作为模板的网页，然后单击"打开"按钮。选择"文件 > 另存为模板"命令，弹出"另存模板"对话框，输入模板名称，如图 8-18 所示。

（2）单击"保存"按钮，当前文档的扩展名为".dwt"，如图 8-19 所示，表明当前文档是一个模板文档。

图 8-17

图 8-18

图 8-19

8.2.3 定义和取消可编辑区域

创建模板后，网站设计者需要根据用户的需求对模板的内容进行编辑，指定哪些内容是可以编辑的，哪些内容是不可以编辑的。模板的不可编辑区域是指基于模板创建的网页中固定不变的元素，模板的可编辑区域是指基于模板创建的网页中用户可以编辑的区域。当创建一个模板或将一个网页另存为模板时，Dreamweaver CC 2018 默认将所有区域标记为锁定的，因此用户要根据具体要求定义和修改模板的可编辑区域。

1. 对已有的模板进行修改

在"资源"面板的"模板"列表中选择要修改的模板名，单击面板右下方的"编辑"按钮 或双击模板名后，就可以在文档窗口中编辑该模板了。

> **提示** 当模板应用于文档时，用户只能在可编辑区域中进行更改，无法修改锁定区域。

2. 定义可编辑区域

（1）选择区域。

选择区域有以下几种方法。

① 在文档窗口中选择要设置为可编辑区域的文本或内容。

② 在文档窗口中将插入点放在要插入可编辑区域的地方。

（2）打开"新建可编辑区域"对话框。

打开"新建可编辑区域"对话框有以下几种方法。

① 在"插入"面板的"模板"选项卡中，单击"可编辑区域"按钮 。

② 按 Ctrl + Alt + V 组合键。

③ 选择"插入 > 模板 > 可编辑区域"命令。

④ 在文档窗口中单击鼠标右键，在弹出的菜单中选择"模板 > 新建可编辑区域"命令。

（3）创建可编辑区域。

在"名称"文本框中为该区域输入唯一的名称，如图 8-20 所示，最后单击"确定"按钮创建可编辑区域，如图 8-21 所示。

可编辑区域在模板中被高亮显示的矩形边框围绕，该边框使用在"首选项"对话框中设置的标记色彩，该区域左上角显示该区域的名称。

图 8-20

图 8-21

（4）使用可编辑区域的注意事项如下。

不要在"名称"文本框中使用特殊字符。

不能为同一模板中的多个可编辑区域使用相同的名称。

可以将整个表格或单独的表格单元格标记为可编辑的，但不能将多个表格单元格标记为单个可编辑区域。如果选定<td>标签，则可编辑区域中包括单元格周围的区域；如果未选定，则可编辑区域将只影响单元格中的内容。

层和层内容是单独的元素。当层可编辑时可以更改层的位置及其内容，而当层的内容可编辑时只能更改层的内容而不能更改其位置。

在普通网页文档中插入一个可编辑区域，Dreamweaver CC 2018 会警告该文档将自动另存为模板。

可编辑区域不能嵌套插入。

3．定义可编辑的重复区域

重复区域是可以根据需要在基于模板的页面中复制任意次数的模板部分。重复区域通常用于表格，但也可以为其他页面元素定义重复区域。但是重复区域不是可编辑区域，若要使重复区域中的内容可编辑，必须在重复区域内插入可编辑区域。

定义可编辑的重复区域的具体操作步骤如下。

（1）选择区域。

（2）打开"新建重复区域"对话框。

打开"新建重复区域"对话框有以下几种方法。

① 在"插入"面板的"模板"选项卡中，单击"重复区域"按钮 。

② 选择"插入 > 模板 > 重复区域"命令。

③ 在文档窗口中单击鼠标右键，在弹出的菜单中选择"模板 > 新建重复区域"命令。

（3）定义可编辑的重复区域。

在"名称"文本框中为模板区域输入唯一的名称，如图 8-22 所示，单击"确定"按钮，将重复区域插入模板。最后选择重复区域或其中一部分，如表格、行或单元格，定义可编辑区域，如图 8-23 所示。

图 8-22

图 8-23

提示　在一个重复区域内可以继续插入另一个重复区域。

4．定义重复表格

有时网页的内容经常变化，此时可使用"重复表格"功能创建模板。利用此模板创建的网页可以方便地增加或减少表格中格式相同的行，满足内容变化的网页布局要求。要创建包含重复行格式的可编辑区域，可使用"重复表格"按钮。可以定义表格属性，并设置哪些表格中的单元格可编辑。

定义重复表格的具体操作步骤如下。

（1）将插入点放在文档窗口中要插入重复表格的位置。

（2）打开"插入重复表格"对话框，如图 8-24 所示。

打开"插入重复表格"对话框有以下几种方法。

① 在"插入"面板的"模板"选项卡中，单击"重复表格"按钮 。

② 选择"插入 > 模板 > 重复表格"命令。

图 8-24

"插入重复表格"对话框中各选项的作用如下。

"行数"选项：设置表格具有的行的数目。

"列"选项：设置表格具有的列的数目。

"单元格边距"选项：设置单元格内容和单元格边界之间的像素数。

"单元格间距"选项：设置相邻的表格单元格之间的像素数。

"宽度"选项：以像素为单位或以浏览器窗口宽度的百分比设置表格的宽度。

"边框"选项：以像素为单位设置表格边框的宽度。

"重复表格行"选项组：设置表格中的哪些行包括在重复区域中。

"起始行"选项：将输入的行号对应的行设置为包括在重复区域中的第一行。

"结束行"选项：将输入的行号对应的行设置为包括在重复区域中的最后一行。

"区域名称"选项：为重复区域设置唯一的名称。

（3）按需要输入新值，单击"确定"按钮，重复表格即出现在模板中，如图 8-25 所示。

使用重复表格要注意以下几点。

① 如果没有明确指定单元格边距和单元格间距的值，则大多数浏览器将按单元格边距设置为 1，单元格间距设置为 2来显示表格。若要使浏览器显示的表格的单元格边距和间距为 0，将"单元格边距"选项和"单元格间距"选项设置为 0。

② 如果没有明确指定边框的值，则大多数浏览器将按边框设置为 1 显示表格。若要使浏览器显示的表格没有边框，

图 8-25

将"边框"设置为 0。若要在边框设置为 0 时查看单元格和表格边框，则要选择"查看 > 可视化助理 > 表格边框"命令。

③ 重复表格可以包含在重复区域内，但不能包含在可编辑区域内。

5．取消可编辑区域标记

使用"取消可编辑区域"命令可取消可编辑区域的标记，使之成为不可编辑区域。取消可编辑区域标记的操作步骤如下。

（1）先选择可编辑区域，然后选择"工具 > 模板 > 删除模板标记"命令，此时该区域变成不可编辑区域。

（2）先选择可编辑区域，然后在文档窗口下方的可编辑区域标签上单击鼠标右键，在弹出的菜单

中选择"删除标签"命令，如图 8-26 所示，此时该区域变成不可编辑区域。

8.2.4 创建基于模板的网页

创建基于模板的网页有两种方法，一是新建文档时选择模板；二是新建文档后应用模板。

1．新建文档时选择模板

选择"文件 > 新建"命令，打开"新建文档"对话框，单击"网站模板"标签，切换到"网站模板"窗口。在"站点"选项框中选择站点，如"文稿素材"，再从右侧的选项框中选择一个模板文件，如图 8-27 所示，单击"创建"按钮，创建基于模板的新文档。

图 8-26

编辑完文档后，选择"文件 > 保存"命令，保存所创建的文档。在文档窗口中按照模板中的设置建立了一个新的页面，并可向编辑区域内添加信息，如图 8-28 所示。

图 8-27

图 8-28

2．新建文档后应用模板

新建 HTML 文档，选择"窗口 > 资源"命令，弹出"资源"面板。在"资源"面板中，单击左侧的"模板"按钮 ，再从模板列表中选择相应的模板，最后单击面板下方的"应用"按钮 （ 应用 ），在文档中应用该模板，如图 8-29 所示。

8.2.5 管理模板

创建模板后可以重命名模板文件、修改模板文件、更新模板文件和删除模板文件。

图 8-29

1．重命名模板文件

（1）选择"窗口 > 资源"命令，弹出"资源"面板，单击左侧的"模板"按钮 ，面板右侧显示当前站点的模板列表，如图 8-30 所示。

（2）在模板列表中，双击模板的名称选中文本，然后输入一个新名称。

（3）按 Enter 键使更改生效，此时弹出"更新文件"对话框，如图 8-31 所示。若要更新网站中所有基于此模板的网页，单击"更新"按钮；反之，则单击"不更新"按钮。

2．修改模板文件

（1）选择"窗口 > 资源"命令，弹出"资源"面板，单击左侧的"模板"按钮 ，面板右侧显示当前站点的模板列表，如图 8-32 所示。

图 8-30　　　　　　　　　　　　　图 8-31　　　　　　　　　　　　　图 8-32

（2）在模板列表中双击要修改的模板文件将其打开，根据需要修改模板内容。例如，将表格首行的背景色由绿色变成蓝色，如图 8-33 和图 8-34 所示。

原图　　　　　　　　　　　　　　　新图

图 8-33　　　　　　　　　　　　　图 8-34

3．更新模板文件

用模板的最新版本更新整个站点或应用特定模板的所有网页的具体操作步骤如下。

（1）打开"更新页面"对话框。

选择"工具 > 模板 > 更新页面"命令，弹出"更新页面"对话框，如图 8-35 所示。

图 8-35

"更新页面"对话框中各选项的作用如下。

"查看"选项：设置是用模板的最新版本更新整个站点还是更新应用特定模板的所有网页。

"更新"选项组：设置更新的类别。

"显示记录"选项：设置是否查看 Dreamweaver CC 2018 更新文件的记录。如果选择"显示记录"

复选框，则 Dreamweaver CC 2018 将提供关于其试图更新的文件信息，包括是否成功更新的信息，如图 8-36 所示。

"开始"按钮：单击此按钮，Dreamweaver CC 2018 将按照指示更新文件。

"关闭"按钮：单击此按钮，可以关闭"更新页面"对话框。

（2）若用模板的最新版本更新整个站点，则在"查看"选项右侧的第一个下拉列表中选择"整个站点"，然后在第二个下拉列表中选择站点名称；若更新应用特定模板的所有网页，则在"查看"选项右侧的第一个下拉列表中选择"文件使用..."，然后从第二个下拉列表中选择相应的网页名称。

图 8-36

（3）在"更新"选项组中选择"模板"复选框。

（4）单击"开始"按钮，即可根据选择更新整个站点或应用特定模板的所有网页。

（5）单击"关闭"按钮，关闭"更新页面"对话框。

4．删除模板文件

选择"窗口 > 资源"命令，弹出"资源"面板。单击左侧的"模板"按钮 ，面板右侧显示当前站点的模板列表。单击模板的名称选择该模板，单击面板下方的"删除"按钮 ，并确认要删除该模板，此时该模板文件被从站点中删除。

提示 删除模板后，基于此模板的网页不会与此模板分离，它们还保留删除的模板的结构和可编辑区域。

8.3 库

库是存储重复使用的页面元素的集合，是一种特殊的 Dreamweaver 文件，库文件也被称为库项目。一般情况下，先将经常重复使用或更新的页面元素创建成库文件，需要时将库文件（即库项目）插入网页。当修改库文件时，所有包含该项目的页面都将被更新。因此，使用库文件可大大提高网页制作者的工作效率。

8.3.1 课堂案例——鲜果批发网页

【案例学习目标】使用"库"面板添加库项目并使用注册的项目制作网页文档。

【案例知识要点】使用"库"面板添加库项目，使用库中注册的项目制作网页文档，使用"属性"面板修改文本的颜色，如图 8-37 所示。

【效果所在位置】学习资源 > Ch08 > 效果 > 鲜果批发网页 > index.html。

图 8-37

1. 把经常用的图标注册到库中

（1）选择"文件 > 打开"命令，在弹出的"打开"对话框中选择本书学习资源中的"Ch08 > 素材 > 鲜果批发网页 > index.html"文件，单击"打开"按钮打开文件，如图 8-38 所示。

（2）选择"窗口 > 资源"命令，弹出"资源"面板，单击左侧的"库"按钮 ▢，进入"库"面板，选中图 8-39 所示的图像，单击"库"面板下方的"新建库项目"按钮 ▣ ，将选定的图像创建为库项目，如图 8-40 所示。

图 8-38　　　　　　　　　　图 8-39　　　　　　　　　图 8-40

（3）在可输入状态下，将其重命名为"xg-logo"，按 Enter 键确认输入，弹出"更新文件"对话框，如图 8-41 所示，单击"更新"按钮，"库"面板如图 8-42 所示。

图 8-41　　　　　　　　　　　　　　　　　图 8-42

（4）选中图 8-43 所示的表格，单击"库"面板下方的"新建库项目"按钮 ▣ ，弹出"Dreamweaver"提示对话框，如图 8-44 所示，单击"确定"按钮，将选定的表格创建为库项目。在可输入状态下，将其重命名为"xg-daohang"，按 Enter 键确认输入，在弹出的"更新文件"对话框中单击"更新"按钮，效果如图 8-45 所示，"库"面板如图 8-46 所示。

图 8-43　　　　　　　　　　　　　　图 8-44

图 8-45

图 8-46

（5）选中图 8-47 所示的文字，单击"库"面板下方的"新建库项目"按钮 ，将选定的文字创建为库项目。在可输入状态下，将其重命名为"xg-text"并按下 Enter 键确认输入，在弹出的"更新文件"对话框中单击"更新"按钮。文档窗口中文本的背景变成黄色，效果如图 8-48 所示。

图 8-47

图 8-48

2．利用库中注册的项目制作网页文档

（1）选择"文件 > 打开"命令，在弹出的"打开"对话框中选择本书学习资源中的"Ch08 > 素材 > 鲜果批发网页 > lipinka.html"文件，单击"打开"按钮，效果如图 8-49 所示。将光标置入图 8-50所示的单元格。

图 8-49

图 8-50

（2）选中"库"面板中的"xg-logo"选项，如图 8-51 所示。单击"库"面板下方的"插入"按钮 插入 ，将选定的库项目插入该单元格，效果如图 8-52 所示。

（3）将光标置入图 8-53 所示的单元格，选中"库"面板中的"xg-daohang"选项，并单击该面板下方的"插入"按钮 插入 ，将选定的库项目插入该单元格，效果如图 8-54 所示。

图 8-51   图 8-52

图 8-53   图 8-54

（4）将光标置入图 8-55 所示的单元格。在"库"面板中选中"xg-text"选项，按住鼠标左键将其拖曳到该单元格中，如图 8-56 所示，然后松开鼠标左键，效果如图 8-57 所示。

图 8-55

图 8-56

图 8-57

（5）保存文档，按 F12 键预览效果，如图 8-58 所示。

图 8-58

3. 修改库中注册的项目

（1）返回 Dreamweaver CC 2018 界面中，在"库"面板中双击"xg-text"选项，进入项目的编辑界面，效果如图 8-59 所示。

图 8-59

（2）选中图 8-60 所示的文字，在"属性"面板的"目标规则"下拉列表中选择"<新内联样式>"选项，将"文本颜色"设为橘红色（#DC440B），效果如图 8-61 所示。

图 8-60

图 8-61

（3）选择"文件 > 保存"命令，弹出"更新库项目"对话框，如图 8-62 所示，单击"更新"按钮，弹出"更新页面"对话框，如图 8-63 所示，单击"关闭"按钮关闭对话框。

图 8-62

图 8-63

（4）返回到"lipinka.html"编辑窗口中，按 F12 键预览效果，可以看到文字的颜色发生了改变，如图 8-64 所示。

8.3.2 创建库项目

库项目可以包含文档<body>部分中的任意元素，包括文本、表格、表单、Java applet、插件、ActiveX 元素、导航条和图像等。库项目只是对网页元素进行引用，原始文件必须保存在指定的位置。

图 8-64

可以使用文档<body>部分中的任意元素创建库项目，也可新建一个空白库项目。

1．基于选定的内容创建库项目

先在文档窗口中选择要创建为库项目的网页元素，然后创建库项目，并为新的库项目输入一个名称。创建库项目有以下几种方法。

① 选择"窗口 > 资源"命令，弹出"资源"面板。单击左侧的"库"按钮 📖，进入"库"面板。选中要创建为库项目的对象，单击"库"面板底部的"新建库项目"按钮 📀 。

② 选中要创建为库项目的对象，在"库"面板中单击鼠标右键，在弹出的菜单中选择"新建库项"命令。

③ 选中要创建为库项目的对象，选择"工具 > 库 > 增加对象到库"命令。

提示 Dreamweaver CC 2018 在站点本地根文件夹的"Library"文件夹中将每个库项目都保存为一个单独的文件（文件扩展名为".lbi"）。

2．创建空白库项目

（1）确保没有在文档窗口中选择任何内容。

（2）选择"窗口 > 资源"命令，弹出"资源"面板。单击左侧的"库"按钮 📖，进入"库"面板。

（3）单击"库"面板底部的"新建库项目"按钮 📀，一个新的无标题的库项目被添加到面板中的列表中，如图 8-65 所示。然后为该项目输入一个名称，并按 Enter 键确认输入。

8.3.3 向页面中添加库项目

图 8-65

当向页面中添加库项目时，将把实际内容以及对该库项目的引用一起插入文档。此时，无须提供原项目就可以正常显示。在页面中插入库项目的具体操作步骤如下。

（1）将插入点放在文档窗口中的合适位置。

（2）选择"窗口 > 资源"命令，弹出"资源"面板。单击左侧的"库"按钮 📖，进入"库"面板。将库项目插入网页，效果如图 8-66 所示。

将库项目插入网页有以下几种方法。

① 将一个库项目从"库"面板中拖曳到文档窗口中。

② 在"库"面板中选择一个库项目，然后单击面板底部的"插入"按钮 插入 。

图 8-66

若要在文档中插入库项目的内容而不包括对该库项目的引用，则在从"资源"面板中向文档中拖曳该库项目的同时按住 Ctrl 键，插入的效果如图 8-67 所示。如果用这种方法插入库项目，则可以在文档中编辑该库项目，但当更新该库项目时，使用该库项目的文档不会随之更新。

图 8-67

8.3.4　管理库项目

当修改库项目时，会更新使用该库项目的所有文档。如果选择不更新，那么文档将保持与库项目的关联，可以在以后进行更新。

对库项目的管理包括重命名库项目、删除库项目、重新创建已删除的库项目、修改库项目、更新库项目。

1．重命名库项目

重命名库项目可以断开其与文档或模板的关联。重命名库项目的具体操作步骤如下。

（1）选择"窗口 > 资源"命令，弹出"资源"面板。单击左侧的"库"按钮 📖，进入"库"面板。

（2）在库列表中双击要重命名的库项目的名称，使文本可选，然后输入一个新名称。

（3）按 Enter 键使更改生效，此时弹出"更新文件"对话框，如图 8-68 所示。若要更新站点中所有使用该项目的文档，单击"更新"按钮；反之，则单击"不更新"按钮。

2．删除库项目

先选择"窗口 > 资源"命令，弹出"资源"面板。单击左侧的"库"按钮 📖，进入

图 8-68

"库"面板，然后删除选择的库项目。删除库项目有以下几种方法。

（1）在"库"面板中单击选择库项目，单击面板底部的"删除"按钮 🗑，然后确认要删除该项目。

（2）在"库"面板中单击选择库项目，然后按 Delete 键并确认要删除该项目。

提示 删除一个库项目后，将无法使用"编辑 > 撤销"命令来找回它，只能重新创建。从库中删除库项目后，不会更改任何使用该库项目的文档的内容。

3. 重新创建已删除的库项目

若网页中已插入了库项目，但该项目被误删，此时，可以重新创建库项目。重新创建已删除的库项目的具体操作步骤如下。

（1）在网页中选择被删除的库项目的一个实例。

（2）选择"窗口 > 属性"命令，弹出"属性"面板，如图 8-69 所示，单击"重新创建"按钮，此时，"库"面板中显示该库项目。

图 8-69

4. 修改库项目

（1）选择"窗口 > 资源"命令，弹出"资源"面板，单击左侧的"库"按钮 📖，面板右侧显示当前站点的库列表，如图 8-70 所示。

（2）在库列表中双击要修改的库或单击面板底部的"编辑"按钮 来打开库项目，如图 8-71 所示，此时，可以根据需要修改库项目。

图 8-70   图 8-71

5. 更新库项目

用库项目的最新版本更新整个站点或插入该库项目的所有网页的具体操作步骤如下。

（1）打开"更新页面"对话框。

（2）用库项目的最新版本更新整个站点，则在"查看"选项右侧的第一个下拉列表中选择"整个站点"，然后从第二个下拉列表中选择站点名称。若更新插入该库项目的所有网页，则在"查看"选项右侧的第一个下拉列表中选择"文件使用..."，然后从第二个下拉列表中选择相应的网页名称。

（3）在"更新"选项组中选择"库项目"复选框。

（4）单击"开始"按钮，即可根据选择更新整个站点或插入该库项目的所有网页。

（5）单击"关闭"按钮关闭"更新页面"对话框。

课堂练习——家居装饰网页

【练习知识要点】使用"创建模板"按钮创建模板，使用"可编辑区域"按钮创建可编辑区域，使用"重复区域"按钮创建重复区域，如图 8-72 所示。

【素材所在位置】学习资源 > Ch08 > 素材 > 家居装饰网页 > index.html。

【效果所在位置】学习资源 > Templates > Home.dwt。

图 8-72

课后习题——婚礼策划网页

【习题知识要点】使用"库"面板添加库项目，使用库中注册的项目制作网页文档，如图 8-73 所示。

【素材所在位置】学习资源 > Ch08 > 素材 > 婚礼策划网页 > index.html。

【效果所在位置】学习资源 > Ch08 > 效果 > 婚礼策划网页 > index.html。

图 8-73

第**9**章 表单

本章介绍

一般情况下，网站的设计者除了想宣传自己的网站外，还希望收到他人的反馈信息。表单为网站设计者提供了通过网络接收用户数据的平台，如注册会员页、网上订货页、检索页等，都是通过表单来收集用户信息。因此，表单是网站管理者与浏览者沟通的桥梁。

学习目标

- 掌握表单的使用方法
- 掌握单行、密码、多行和电子邮件文本域的创建方法
- 掌握单选按钮、单选按钮组和复选框的创建方法
- 掌握下拉菜单、滚动列表的创建方法
- 掌握文件域、图像按钮、普通按钮、提交按钮和重置按钮的创建方法
- 掌握 Url、Tel、搜索、数字文本域和范围、颜色表单元素的插入方法
- 掌握月、周、日期、时间、日期时间和日期时间（当地）表单元素的插入方法

技能目标

- 掌握用户登录页面的制作方法
- 掌握人力资源网页的制作方法
- 掌握健康测试网页的制作方法
- 掌握网上营业厅网页的制作方法
- 掌握动物乐园网页的制作方法
- 掌握鑫飞越航空网页的制作方法

9.1 表单的简单操作

表单是一个容器对象，用来存放表单对象，并负责将表单对象的值提交给服务器端的某个程序处理，所以在添加文本域、按钮等表单对象之前，要先插入表单。

9.1.1 课堂案例——用户登录界面

【案例学习目标】使用"插入"面板"HTML"选项卡中的按钮插入表格，使用"表单"选项卡中的按钮插入单行文本域、多行文本域并设置相应的属性。

【案例知识要点】使用"表单"按钮插入表单，使用"Table"按钮插入表格，使用"文本"按钮插入单行文本域，使用"属性"面板设置表格、单行文本域的属性，如图 9-1 所示。

【效果所在位置】学习资源 > Ch09 > 效果 > 用户登录界面 > index.html。

图 9-1

1. 插入表单和表格

（1）选择"文件 > 打开"命令，在弹出的"打开"对话框中选择本书学习资源中的"Ch09 > 素材 > 用户登录界面 > index.html"文件，单击"打开"按钮打开文件，如图 9-2 所示。将光标置入图 9-3 所示的单元格。

图 9-2

图 9-3

（2）单击"插入"面板"表单"选项卡中的"表单"按钮 ▤ ，插入表单，如图 9-4 所示。单击"插入"面板"HTML"选项卡中的"Table"按钮 ▦ ，在弹出的"Table"对话框中进行设置，如图 9-5 所示，单击"确定"按钮，完成表格的插入，效果如图 9-6 所示。

（3）选中图 9-7 所示的单元格，单击"属性"面板中的"合并所选单元格，使用跨度"按钮 ▭ ，将选中的单元格合并，效果如图 9-8 所示。在"属性"面板的"水平"下拉列表中选择"居中对齐"选项，将"高"设为 80，效果如图 9-9 所示。

（4）单击"插入"面板"HTML"选项卡中的"Image"按钮 ▨ ，在弹出的"选择图像源文件"对话框中选择本书学习资源中的"Ch09 > 素材 > 用户登录界面 > images > tx.png"文件，单击"确定"按钮完成图片的插入，效果如图 9-10 所示。

图 9-4   图 9-5   图 9-6

图 9-7   图 9-8   图 9-9   图 9-10

（5）将光标置入第 2 行第 1 列单元格，如图 9-11 所示，在"属性"面板中将"宽"设为 50，"高"设为 40。用相同的方法设置第 3 行第 1 列单元格，效果如图 9-12 所示。

（6）将光标置入第 2 行第 1 列单元格，单击"插入"面板"HTML"选项卡中的"Image"按钮 🖼，在弹出的"选择图像源文件"对话框中选择本书学习资源中的"Ch09 > 素材 > 用户登录界面 > images > adm.png"文件，单击"确定"按钮完成图片的插入，效果如图 9-13 所示。用相同的方法将本书学习资源中的"Ch09 > 素材 > 用户登录界面 > images > key.png"文件插入相应的单元格，效果如图 9-14 所示。

图 9-11   图 9-12   图 9-13   图 9-14

2. 插入单行文本域与密码文本域

（1）将光标置入图 9-15 所示的单元格，单击"插入"面板"表单"选项卡中的"文本"按钮 🔲，在单元格中插入单行文本域，如图 9-16 所示。选中文字"Text Field:"，按 Delete 键将其删除，效果如图 9-17 所示。

图 9-15　　　　　　　　　图 9-16　　　　　　　　　图 9-17

（2）选中单行文本域，在"属性"面板中将"Size"设为 20，如图 9-18 所示，效果如图 9-19 所示。

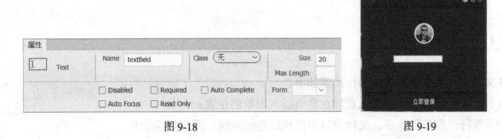

图 9-18　　　　　　　　　　　　　　　　　图 9-19

（3）将光标置入图 9-20 所示的单元格，单击"插入"面板"表单"选项卡中的"密码"按钮 ，在单元格中插入密码文本域，如图 9-21 所示。选中文字"Password:"，按 Delete 键将其删除，效果如图 9-22 所示。

图 9-20　　　　　　　　　图 9-21　　　　　　　　　图 9-22

（4）选中密码文本域，在"属性"面板中将"Size"设为 21，如图 9-23 所示，效果如图 9-24 所示。

图 9-23　　　　　　　　　　　　　　　　　图 9-24

（5）保存文档，按 F12 键预览效果，如图 9-25 所示。

图 9-25

9.1.2　创建表单

在文档中插入表单的具体操作步骤如下。

（1）在文档窗口中，将插入点放在希望插入表单的位置。

（2）执行"表单"命令，文档窗口中出现红色的虚线，用来指示表单轮廓，如图 9-26 所示。

执行"表单"命令有以下几种方法。

① 单击"插入"面板"表单"选项卡中的"表单"按钮 ▤，或直接拖曳"表单"按钮 ▤ 到文档中。

② 选择"插入 > 表单 > 表单"命令。

图 9-26

提示　一个页面中包含多个表单，每一个表单都用<form>和</form>标签来标记。在插入表单后，如果没有看到表单的轮廓线，可选择"查看 > 设计视图选项 > 可视化助理 > 不可见元素"命令来显示表单的轮廓线。

9.1.3　表单的属性

在文档窗口中选择表单，"属性"面板中出现如图 9-27 所示的表单属性。

图 9-27

表单"属性"面板中各选项的作用介绍如下。

"ID"选项：为表单输入一个名称。

"Class"选项：将 CSS 规则应用于表单。

"Action"选项：识别处理表单信息的服务器端应用程序。

"Method"选项：定义表单数据处理的方式，包括下面 3 个选项。

"默认"：使用浏览器的默认设置将表单数据发送到服务器上。通常默认方法为 GET。

"GET"：在 HTTP 请求中嵌入表单数据并传送给服务器。

"POST"：将值附加到请求该页的 URL 中并传送给服务器。

"Title"选项：用来设置表单域的标题名称。

"No Validate"选项：该属性为 HTML 5 新增的表单属性，选中该复选项，表示当前表单不对表单中的内容进行验证。

"Auto Complete"选项：该属性为 HTML 5 新增的表单属性，选中该复选项，表示启用表单的自动完成功能。

"Enctype"选项：用来设置发送数据的编码类型，共有 3 个选项，分别是"默认""application/x-www-form-urlencoded"和"multipart/form-data"，默认的编码类型是 application/x-www-form-urlencoded。application/ x-www-form-urlencoded 通常和 POST 方法协同使用，如果表单中包含文件上传域，则应该选择"multipart/ form-data"选项。

"Target"选项：指定一个窗口，在该窗口中显示调用程序所返回的数据。

"Accept Charset"选项：该选项用于设置服务器表单数据所接受的字符集，其下拉列表中共有 3 个选项，分别是"默认""UTF-8"和"ISO-8859-1"。

9.1.4 插入文本域

通常使用表单的文本域来接收用户输入的信息，常用文本域包括单行文本域、多行文本域和密码文本域。一般情况下，当用户输入较少的信息时，使用单行文本域接收；当用户输入较多的信息时，使用多行文本域接收；当用户输入密码等保密信息时，使用密码文本域接收。

1．插入单行文本域

要在表单域中插入单行文本域，先将光标置于表单轮廓内需要插入单行文本域的位置，然后插入单行文本域，如图 9-28 所示。

插入单行文本域有以下几种方法。

① 使用"插入"面板"表单"选项卡中的"文本"按钮 □ ，可在文档窗口中添加单行文本域。

② 选择"插入 > 表单 > 文本"命令，在文档窗口的表单中出现一个单行文本域。

图 9-28

在"属性"面板中显示单行文本域的属性，如图 9-29 所示，用户可根据需要设置该单行文本域的各项属性。

图 9-29

"Name"选项：用来设置文本域的名称。

"Class"选项：将 CSS 规则应用于文本域。

"Size"选项：用来设置文本域中显示的字符数的最大值。

"Max Length"选项：用来设置文本域中输入的字符数的最大值。

"Value"选项：用来输入提示性文本。

"Title"选项：用来设置文本域的提示标题文字。

"Place Holder"选项：该属性为 HTML 5 新增的表单属性，用户设置文本域预期值的提示信息，该提示信息会在文本域为空时显示，并在文本域获得焦点时消失。

"Disabled"选项：选中该复选项，表示禁用该文本字段，被禁用的文本域即不可用，也不可以单击。

"Auto Focus"选项：该属性为 HTML 5 新增的表单属性，选中该复选项，当网页被加载时，该文本域会自动获得焦点。

"Required"选项：该属性为 HTML 5 新增的表单属性，选中该复选项，则在提交表单之前必须填写所选文本域。

"Read Only"选项：选中该复选项，表示所选文本域为只读属性，不能对该文本域的内容进行修改。

"Auto Complete"选项：该属性为 HTML 5 新增的表单属性，选中该复选项，表示所选文本域启用自动完成功能。

"Form"选项：该属性用于设置与表单元素相关的表单标签的 ID，可以在该选项的下拉列表中选择网页中已经存在的表单标签。

"Pattern"选项：该属性为 HTML 5 新增的表单属性，用于设置文本域的模式或格式。

"Tab Index"选项：该属性用于设置表单元素的 Tab 键控制次序。

"List"选项：该属性为 HTML 5 新增的表单属性，用于设置引用数据列表，其中包含文本域的预定义选项。

2. 插入密码文本域

密码域是特殊类型的文本域。当用户在密码域中输入时，所输入的文本被替换为星号或项目符号，以隐藏该文本，保护这些信息。若要在表单域中插入密码文本域，先将光标置于表单轮廓内需要插入密码文本域的位置，然后插入密码文本域，如图 9-30 所示。

插入密码文本域有以下几种方法。

① 使用"插入"面板"表单"选项卡中的"密码"按钮 ，可在文档窗口中添加密码文本域。

② 选择"插入 > 表单 > 密码"命令，在文档窗口的表单中出现一个密码文本域。

图 9-30

在"属性"面板中显示密码文本域的属性，如图 9-31 所示，用户可根据需要设置该密码文本域的各项属性。

图 9-31

密码域的属性设置与单行文本域中的属性设置相同。

3. 插入多行文本域

多行文本域为访问者提供一个较大的区域，供其输入响应。可以指定访问者输入的行数的最大值以及对象的字符宽度。如果输入的文本超过这些设置，则该域将按照换行属性中指定的设置滚动。

图 9-32

若要在表单域中插入多行文本域，先将光标置于表单轮廓内需要插入多行文本域的位置，然后插入多行文本域，如图 9-32 所示。

插入多行文本域有以下几种方法。

① 使用"插入"面板"表单"选项卡中的"文本区域"按钮 ，可在文档窗口中添加多行文本域。

② 选择"插入 > 表单 > 文本区域"命令，在文档窗口的表单中出现一个多行文本域。

在"属性"面板中显示多行文本域的属性，如图 9-33 所示，用户可根据需要设置该多行文本域的各项属性。

图 9-33

"Rows"选项：用于设置文本域的可见高度，以行计数。

"Cols"选项：用于设置文本域的字符宽度。

"Wrap"选项：通常情况下，当用户在文本域中输入文本后，浏览器会将它们按照输入时的状态发送给服务器，注意，只有在用户按下 Enter 键的地方才会换行。如果希望启动换行功能，可以将 Wrap 属性设置为"Soft"或"Hard"，这样当用户输入的一行文本超过文本域的宽度时，浏览器会自动将多余的文字移动到下一行显示。

"Value"选项：用于设置文本域的初始值，可以在文本框中输入相应的内容。

9.2 应用单选按钮和复选框

若要从一组选项中选择一个选项，设计时使用单选按钮；若要从一组选项中选择多个选项，设计时使用复选框。

 提示 当使用单选按钮时，每一组单选按钮必须具有相同的名称。

9.2.1　课堂案例——人力资源网页

【案例学习目标】使用"表单"选项卡为页面添加单选按钮和复选框。

【案例知识要点】使用"单选按钮"按钮插入单选按钮，使用"复选框"按钮插入复选框，如图 9-34 所示。

【效果所在位置】学习资源 > Ch09 > 效果 > 人力资源网页 > index.html。

图 9-34

1. 插入单选按钮

（1）选择"文件 > 打开"命令，在弹出的"打开"对话框中选择本书学习资源中的"Ch09 > 素材 > 人力资源网页 > index.html"文件，单击"打开"按钮打开文件，如图 9-35 所示。将光标置入"注册类型"右侧的单元格，如图 9-36 所示。

图 9-35

图 9-36

（2）单击"插入"面板"表单"选项卡中的"单选按钮"按钮 ⊙，在光标所在位置插入一个单选按钮，效果如图 9-37 所示。保持单选按钮的被选中状态，在"属性"面板中勾选"Checked"复选框，效果如图 9-38 所示。选中文字"Radio Button"并将其更改为"个人注册"，效果如图 9-39 所示。

图 9-37

图 9-38

图 9-39

（3）选中刚插入的单选按钮，按 Ctrl+C 组合键，将其复制到剪贴板中。将光标置于文字"个人注册"的右侧，如图 9-40 所示。按 Ctrl+V 组合键，将剪贴板中的单选按钮粘贴到光标所在位置，效果如图 9-41 所示。

（4）选中文字"个人注册"右侧的单选按钮，在"属性"面板中取消勾选"Checked"复选框，效果如图 9-42 所示。将光标置于右侧单选按钮的后面，输入文字"企业注册"，效果如图 9-43 所示。

图 9-40   图 9-41   图 9-42   图 9-43

2. 插入复选框

（1）将光标置入"学历"右侧的单元格，如图 9-44 所示，单击"插入"面板"表单"选项卡中的"复选框"按钮 ☑，在单元格中插入一个复选框，效果如图 9-45 所示。选中文字"Checkbox"并将其更改为"研究生"，如图 9-46 所示。用复制、粘贴的方法插入多个复选框，并分别输入文字，效果如图 9-47 所示。

图 9-44   图 9-45   图 9-46   图 9-47

（2）保存文档，按 F12 键预览效果，如图 9-48 所示。

图 9-48

9.2.2 单选按钮

为了使单选按钮的布局更加合理，通常采用逐个插入单选按钮的方式。若要在表单中插入单选按钮，先将光标放在表单轮廓内需要插入单选按钮的位置，然后插入单选按钮，如图 9-49 所示。

插入单选按钮有以下几种方法。

① 使用"插入"面板"表单"选项卡中的"单选按钮"按钮 ⦿，在文档窗口的表单中出现一个单选按钮。

② 选择"插入 > 表单 > 单选按钮"命令，在文档窗口的表单中出现一个单选按钮。

图 9-49

在"属性"面板中显示单选按钮的属性，如图 9-50 所示，可以根据需要设置该单选按钮的各项属性。

图 9-50

"Checked"选项：设置该单选按钮的初始状态，即当浏览器载入表单时，该单选按钮是否处于被选中的状态。

9.2.3 单选按钮组

先将光标放在表单轮廓内需要插入单选按钮组的位置，然后打开"单选按钮组"对话框，如图 9-51 所示。

打开"单选按钮组"对话框有以下几种方法。

① 单击"插入"面板"表单"选项卡中的"单选按钮组"按钮 ▦ 。

② 选择"插入 > 表单 > 单选按钮组"命令。

"单选按钮组"对话框中的选项作用如下。

"名称"选项：用于输入该单选按钮组的名称，每个单选按钮组的名称都不能相同。

＋和－按钮：用于向单选按钮组内添加单选按钮和删除单选按钮。

▲和▼按钮：用于重新对单选按钮进行排序。

"标签"选项：设置单选按钮右侧的提示信息。

"值"选项：设置此单选按钮代表的值，一般为字符型数据，即当用户选定该单选按钮时，表单指定的处理程序获得的值。

"换行符"和"表格"选项：使用换行符或表格来设置这些单选按钮的布局方式。

根据需要设置该单选按钮组的每个选项，单击"确定"按钮，在文档窗口的表单中出现单选按钮组，如图 9-52 所示。

图 9-51

图 9-52

9.2.4 复选框

为了使复选框的布局更加合理，通常采用逐个插入复选框的方式。若要在表单中插入复选框，先将光标放在表单轮廓内需要插入复选框的位置，然后插入复选框，如图 9-53 所示。

图 9-53

插入复选框有以下几种方法。

① 单击"插入"面板"表单"选项卡中的"复选框"按钮 ☑，在文档窗口的表单中出现一个复选框。

② 选择"插入 > 表单 > 复选框"命令，在文档窗口的表单中出现一个复选框。

在"属性"面板中显示复选框的属性，如图 9-54 所示，可以根据需要设置该复选框的各项属性。复选框组的操作与单选按钮组类似，故不再赘述。

图 9-54

9.3 下拉菜单、滚动列表、文件域和按钮

在表单中有两种类型的菜单，一种是下拉菜单，一种是滚动列表，如图 9-55 所示，它们都包含一个或多个菜单选项。当用户需要在预先设定的菜单选项中选择一个或多个选项时，可使用"下拉菜单与滚动列表"功能创建下拉菜单或滚动列表。

图 9-55

9.3.1 课堂案例——健康测试网页

【案例学习目标】使用"表单"选项卡中的按钮插入下拉菜单。

【案例知识要点】使用"选择"按钮插入下拉菜单，使用"属性"面板设置下拉菜单属性，如图 9-56 所示。

【效果所在位置】学习资源 > Ch09 > 效果 > 健康测试网页 > index.html。

（1）选择"文件 > 打开"命令，在弹出的"打开"对话框中选择本书学习资源中的"Ch09 > 素材 > 健康测试网页 > index.html"文件，单击"打开"按钮打开文件，效果如图 9-57 所示。

图 9-56　　　　　　　　　　　　　　　　　　　图 9-57

（2）将光标置入图 9-58 所示的位置，单击"插入"面板"表单"选项卡中的"选择"按钮 ▤，在光标所在的位置插入下拉菜单，如图 9-59 所示。

图 9-58　　　　　　　　　　　　　　　　　　　图 9-59

（3）选中文字"Select:"，如图 9-60 所示，按 Delete 键将其删除，效果如图 9-61 所示。

图 9-60　　　　　　　　　　　　　　　　　　　图 9-61

（4）选中下拉菜单，在"属性"面板中单击"列表值"按钮，在弹出的"列表值"对话框中添加如图 9-62 所示的内容，添加完成后单击"确定"按钮，效果如图 9-63 所示。

图 9-62　　　　　　　　　　　　　　　　　　　图 9-63

（5）在"属性"面板的"Selected"选项中选择"--"，如图 9-64 所示。用相同的方法在适当的位置插入下拉菜单，并设置适当的值，效果如图 9-65 所示。

图 9-64

图 9-65

（6）保存文档，按 F12 键预览效果，如图 9-66 所示。单击"月"选项左侧的下拉菜单，可以选择任意选项，如图 9-67 所示。

图 9-66

图 9-67

9.3.2 创建下拉菜单和滚动列表

1. 插入下拉菜单

若要在表单中插入下拉菜单，先将光标放在表单轮廓内需要插入下拉菜单的位置，然后插入下拉菜单，如图 9-68 所示。

插入下拉菜单有以下几种方法。

① 使用"插入"面板"表单"选项卡中的"选择"按钮 ，在文档窗口的表单中添加下拉菜单。

② 选择"插入 > 表单 > 选择"命令，在文档窗口的表单中添加下拉菜单。

在"属性"面板中显示下拉菜单的属性，如图 9-69 所示，可以根据需要设置该下拉菜单。

图 9-68

图 9-69

下拉菜单"属性"面板中各选项的作用如下。

"Size"选项：用来设置在页面中显示的高度。

"Selected"选项：设置下拉菜单中默认选择的菜单项。

"列表值"按钮：单击此按钮，弹出一个如图 9-70 所示的"列表值"对话框，在该对话框中单击 + 按钮或 − 按钮向下拉菜单中添加菜单项或删除菜单项。菜单项在列表中出现的顺序与在"列表值"对话框中出现的顺序一致。在浏览器载入页面时，列表中的第一个选项是默认选项。

图 9-70

2. 插入滚动列表

若要在表单中插入滚动列表，先将光标放在表单轮廓内需要插入滚动列表的位置，然后插入滚动列表，如图 9-71 所示。

插入滚动列表有以下几种方法。

① 单击"插入"面板"表单"选项卡的"选择"按钮 ☰，在文档窗口的表单中出现滚动列表。

② 选择"插入 > 表单 > 选择"命令，在文档窗口的表单中出现滚动列表。

在"属性"面板中显示滚动列表的属性，如图 9-72 所示，可以根据需要设置该滚动列表。

图 9-71

图 9-72

9.3.3 课堂案例——网上营业厅网页

【案例学习目标】使用"表单"选项卡为网页插入图像按钮。

【案例知识要点】使用"图像"按钮插入图像按钮，如图 9-73 所示。

【效果所在位置】学习资源 > Ch09 > 效果 > 网上营业厅网页 > index.html。

图 9-73

（1）选择"文件 > 打开"命令，在弹出的"打开"对话框中选择本书学习资源中的"Ch09 > 素材 > 网上营业厅网页 > index.html"文件，单击"打开"按钮打开文件，效果如图 9-74 所示。将光标置入图 9-75 所示的单元格。

图 9-74　　　　　　　　　　　　　　　　　　图 9-75

（2）单击"插入"面板"表单"选项卡中的"图像按钮"按钮 ▦，在弹出的"选择图像源文件"对话框中选择本书学习资源中的"Ch09 > 素材 > 网上营业厅网页 > images > an_1.png"文件，如图 9-76 所示，单击"确定"按钮完成图像按钮的插入，效果如图 9-77 所示。

图 9-76　　　　　　　　　　　　　　　　　　图 9-77

（3）将光标置入图 9-78 所示的单元格，单击"插入"面板"表单"选项卡中的"图像按钮"按钮 ▦，在弹出的"选择图像源文件"对话框中选择本书学习资源中的"Ch09 > 素材 > 网上营业厅网页 > images > an_2.png"文件，单击"确定"按钮完成图像按钮的插入，效果如图 9-79 所示。

图 9-78　　　　　　　　　　　　　　　　　　图 9-79

（4）保存文档，按 F12 键预览效果，如图 9-80 所示。

9.3.4 创建文件域

在网页中要实现上传文件的功能，需要在表单中插入文件域。文件域的外观与其他文本域类似，只是文件域还包含一个"浏览…"按钮，如图 9-81 所示。用户可以手动输入要上传的文件的路径，也可以使用"浏览…"按钮定位并选择该文件。

图 9-80

提示 文件域要求使用 post 方法将文件从浏览器上传输到服务器上，该文件被发送至的服务器的地址由表单的"Action"选项指定。

若要在表单中插入文件域，则先将光标放在表单轮廓内需要插入文件域的位置，然后插入文件域，如图 9-82 所示。

图 9-81

图 9-82

插入文件域有以下几种方法。

① 将光标置于表单中，单击"插入"面板"表单"选项卡中的"文件"按钮 ，在文档窗口中的表单中出现一个文件域。

② 选择"插入 > 表单 > 文件"命令，在文档窗口的表单中出现一个文件域。

在"属性"面板中显示文件域的属性，如图 9-83 所示，可以根据需要设置该文件域的各项属性。

图 9-83

文件域"属性"面板各选项的作用如下。

"Multiple"选项：该属性为 HTML 5 新增的表单元素属性，选中该复选项，表示该文件域可以直接接受多个值。

"Required"选项：该属性为 HTML 5 新增的表单元素属性，选中该复选项，表示在提交表单之前必须设置相应的值。

9.3.5 创建图像按钮

普通的按钮很不美观，为了设计需要，常使用图像代替按钮。通常使用图像按钮来提交数据。

插入图像按钮的具体操作步骤如下。

（1）将光标放在表单轮廓内需要插入图像按钮的位置。

（2）打开"选择图像源文件"对话框，选择作为按钮的图像文件，如图 9-84 所示。

打开"选择图像源文件"对话框有以下几种方法。

① 单击"插入"面板"表单"选项卡中的"图像按钮"按钮 。

② 选择"插入 > 表单 > 图像按钮"命令。

（3）在"属性"面板中出现如图 9-85 所示图像按钮的属性，可以根据需要设置该图像按钮的各项属性。

图 9-84

图 9-85

图像按钮"属性"面板中各选项的作用如下。

"Src"选项：用来显示该图像按钮所使用的图像地址。

"宽"和"高"选项：设置图像按钮的宽和高。

"Form Action"选项：设置为按钮使用的图像。

"Form Method"选项：设置如何发送表单数据。

"编辑图像"按钮：单击该按钮，将启动外部图像编辑软件，对该图像按钮所使用的图像进行编辑。

（4）若要将某个 JavaScript 行为附加到该按钮上，则选择该图像，然后在"行为"控制面板中选择相应的行为。

（5）完成设置后保存并预览网页，效果如图 9-86 所示。

9.3.6 插入普通按钮

按钮的作用是控制表单的操作。一般情况下，表单中设有提交按钮、重置按钮和普通按钮等，浏览者在网上申请QQ、邮箱或注册会员时会见到。Dreamweaver CC 2018 将按钮分为 4 种类型，即图像按钮、普通按钮、提交按钮和重置

图 9-86

按钮。其中，普通按钮需要用户指定单击该普通按钮时要执行的操作，如添加一个 JavaScript 脚本，在浏览者单击该普通按钮时打开另一个页面。

若要在表单域中插入普通按钮，则先将光标放在表单轮廓内需要插入普通按钮的位置，然后插入普通按钮，如图 9-87 所示。

插入普通按钮有以下几种方法。

① 单击"插入"面板"表单"选项卡中的"按钮"按钮 ▭，在文档窗口中的表单中出现一个普通按钮。

② 选择"插入 > 表单 > 按钮"命令，在文档窗口的表单中出现一个普通按钮。

图 9-87

在"属性"面板中显示普通按钮的属性，如图 9-88 所示，可以根据需要设置该普通按钮的各项属性。

图 9-88

普通按钮相关属性的设置与前面介绍的表单元素属性的设置基本相同，这里就不再赘述。

9.3.7 插入提交按钮

提交按钮的作用是，在用户单击该按钮时将表单数据内容提交到表单的"Action"属性中指定的处理程序中进行处理。

若要在表单中插入提交按钮，先将光标放在表单轮廓内需要插入提交按钮的位置，然后插入提交按钮，如图 9-89 所示。

插入提交按钮有以下几种方法。

① 单击"插入"面板"表单"选项卡中的"'提交'按钮"按钮 ☑，在文档窗口中的表单中出现一个提交按钮。

② 选择"插入 > 表单 > '提交'按钮"命令，在文档窗口的表单中出现一个提交按钮。

图 9-89

在"属性"面板中显示提交按钮的属性，如图 9-90 所示，可以根据需要设置该提交按钮的各项属性。

图 9-90

提交按钮相关属性的设置与前面介绍的表单元素属性的设置基本相同，这里就不再赘述。

9.3.8 插入重置按钮

重置按钮的作用是，在用户单击该按钮时清除表单中所做的设置，恢复为默认的设置内容。

若要在表单中插入重置按钮，先将光标放在表单轮廓内需要插入重置按钮的位置，然后插入重置按钮，如图 9-91 所示。

插入重置按钮有以下几种方法。

① 单击"插入"面板"表单"选项卡中的"'重置'按钮"按钮 ↺，在文档窗口中的表单中出现一个重置按钮。

② 选择"插入 > 表单 > '重置'按钮"命令，在文档窗口的表单中出现一个重置按钮。

在"属性"面板中显示重置按钮的属性，如图 9-92 所示，可以根据需要设置该重置按钮的各项属性。

图 9-91

图 9-92

重置按钮相关属性的设置与前面介绍的表单元素属性的设置基本相同，这里就不再赘述。

9.4 HTML5 表单元素

目前 HTML5 的应用已经越来越多，在 Dreamweaver CC 2018 中为了适应 HTML5 的发展增加了许多全新的 HTML5 表单元素。HTML5 不仅增加了一系列功能性的表单、表单元素和表单特性，还增加了自动验证表单的功能。

9.4.1 课堂案例——动物乐园网页

【案例学习目标】使用"表单"选项卡中的按钮插入单行文本域、Tel 文本域、日期表单元素、多行文本域、提交按钮和重置按钮。

【案例知识要点】使用"文本"按钮插入单行文本域，使用"Tel"按钮插入 Tel 文本域，使用"日期"按钮插入日期表单元素，使用"文本区域"按钮插入多行文本域，使用"属性"面板设置各表单文本域的属性，如图 9-93 所示。

【效果所在位置】学习资源 > Ch09 > 效果 > 动物乐园网页 > index.html。

图 9-93

191

（1）选择"文件 > 打开"命令，在弹出的"打开"对话框中选择本书学习资源中的"Ch09 > 素材 > 动物乐园网页 > index.html"文件，单击"打开"按钮打开文件，效果如图 9-94 所示。

（2）将光标置入文字"联系人："右侧的单元格，如图 9-95 所示，单击"插入"面板"表单"选项卡中的"文本"按钮 □，在单元格中插入单行文本域，选中文字"Text Field:"按 Delete 键将其删除。选中单行文本域，在"属性"面板中将"Size"设为 20，效果如图 9-96 所示。

图 9-94　　　　　　　　　图 9-95　　　　　　　　　图 9-96

（3）用相同的方法在文字"票数："右侧的单元格中插入一个单行文本域，并在"属性"面板中设置相应的属性，效果如图 9-97 所示。将光标置入文字"联系电话："右侧的单元格，单击"插入"面板"表单"选项卡中的"Tel"按钮 📞，在单元格中插入 Tel 文本域，选中文字"Tel:"，按 Delete 键将其删除，效果如图 9-98 所示。

（4）选中 Tel 文本域，在"属性"面板中将"Size"设为 20，"Max Length"设为 11，效果如图 9-99 所示。

图 9-97　　　　　　　　　图 9-98　　　　　　　　　图 9-99

（5）将光标置入文字"参观日期："右侧的单元格，单击"插入"面板"表单"选项卡中的"日期"按钮 📅，在光标所在的位置插入日期表单元素。选中文字"Date:"，按 Delete 键，将其删除，效果如图 9-100 所示。

（6）将光标置入文字"备注："右侧的单元格，单击"插入"面板"表单"选项卡中的"文本区域"按钮 □，在光标所在的位置插入多行文本域。选中文字"Text Area:"，按 Delete 键，将其删除，效果如图 9-101 所示。

（7）选中多行文本域，在"属性"面板中将"Rows"设为 6，"Cols"设为 63，效果如图 9-102 所示。将光标置入图 9-103 所示的单元格。

图 9-100　　　　　　　　　　　图 9-101

图 9-102　　　　　　　　　　　图 9-103

（8）单击"插入"面板"表单"选项卡中的"'提交'按钮"按钮 ⊘，在光标所在的位置插入一个提交按钮，效果如图 9-104 所示。将光标置于提交按钮的后面，单击"插入"面板"表单"选项卡中的"'重置'按钮"按钮 ↺，在光标所在的位置插入一个重置按钮，效果如图 9-105 所示。

（9）保存文档，按 F12 键预览效果，如图 9-106 所示。

图 9-104　　　　　　　　图 9-105　　　　　　　　图 9-106

9.4.2　插入电子邮件文本域

Dreamweaver CC 2018 为了适应 HTML5 的发展新增加了许多全新的 HTML5 表单元素。电子邮件文本域就是其中的一种。

电子邮件文本域是专门为输入 E-mail 地址而定义的文本框，主要是为了验证输入的文本是否符合 E-mail 地址的格式，并会提示验证错误。若要在表单域中插入电子邮件文本域，先将光标置于表单轮廓内需要插入电子邮件文本域的位置，然后插入电子邮件文本域，如图 9-107 所示。

图 9-107

插入电子邮件文本域有以下几种方法。

① 使用"插入"面板"表单"选项卡中的"电子邮件"按钮 ✉，可在文档窗口中添加电子邮件文本域。

② 选择"插入 > 表单 > 电子邮件"命令，在文档窗口的表单中出现一个电子邮件文本域。

在"属性"面板中显示电子邮件文本域的属性，如图 9-108 所示，用户可根据需要设置该电子邮件文本域的各项属性。

图 9-108

9.4.3　插入 Url 文本域

Url 文本域是专门为输入 URL 地址而定义的文本框，在验证输入的文本格式时，如果该文本框中的内容不符合 URL 地址的格式，则会提示验证错误。若要在表单中插入 Url 文本域，先将光标放在表单轮廓内需要插入 Url 文本域的位置，然后插入 Url 文本域，如图 9-109 所示。

图 9-109

插入 Url 文本域有以下几种方法。

① 使用"插入"面板"表单"选项卡中的"Url"按钮 ⚷，在文档窗口的表单中出现一个 Url 文本域。

② 选择"插入 > 表单 >Url"命令，在文档窗口的表单中出现一个 Url 文本域。

在"属性"面板中显示 Url 文本域的属性，如图 9-110 所示，可以根据需要设置该 Url 文本域的各项属性。

图 9-110

Url 文本域相关属性的设置与前面介绍的表单元素属性的设置基本相同，这里就不再赘述。

9.4.4　插入 Tel 文本域

Tel 文本域是专门为输入电话号码而定义的文本框，没有特殊的验证规则。若要在表单中插入 Tel 文本域，先将光标放在表单轮廓内需要插入 Tel 文本域的位置，然后插入 Tel 文本域，如图 9-111 所示。

插入 Tel 文本域有以下几种方法。

图 9-111

① 使用 "插入" 面板 "表单" 选项卡中的 "Tel" 按钮 📞，在文档窗口的表单中出现一个 Tel 文本域。

② 选择 "插入 > 表单 > Tel" 命令，在文档窗口的表单中出现一个 Tel 文本域。

在 "属性" 面板中显示 Tel 文本域的属性，如图 9-112 所示，可以根据需要设置该 Tel 文本域的各项属性。

图 9-112

Tel 文本域相关属性的设置与前面介绍的表单元素属性的设置基本相同，这里就不再赘述。

9.4.5 插入搜索文本域

搜索文本域是专门为输入搜索关键词而定义的文本框，没有特殊的验证规则。若要在表单中插入搜索文本域，先将光标放在表单轮廓内需要插入搜索文本域的位置，然后插入搜索文本域，如图 9-113 所示。

插入搜索文本域有以下几种方法。

① 使用 "插入" 面板 "表单" 选项卡中的 "搜索" 按钮 🔍，在文档窗口的表单中出现一个搜索文本域。

② 选择 "插入 > 表单 > 搜索" 命令，在文档窗口的表单中出现一个搜索文本域。

在 "属性" 面板中显示搜索文本域的属性，如图 9-114 所示，可以根据需要设置该搜索文本域的各项属性。

图 9-113

图 9-114

搜索文本域相关属性的设置与前面介绍的表单元素属性的设置基本相同，这里就不再赘述。

9.4.6 插入数字文本域

数字文本域是专门为输入特定的数字而定义的文本框，具有 Min、Max 和 Step 特性，表示允许范围的最小值、最大值和调整步长。若要在表单中插入数字文本域，先将光标放在表单轮廓内需要插入数字文本域的位置，然后插入数字文本域，如图 9-115 所示。

插入数字文本域有以下几种方法。

图 9-115

① 使用"插入"面板"表单"选项卡中的"数字"按钮 🔢，在文档窗口的表单中出现一个数字文本域。

② 选择"插入 > 表单 > 数字"命令，在文档窗口的表单中出现一个数字文本域。

在"属性"面板中显示数字文本域的属性，如图 9-116 所示，可以根据需要设置该数字文本域的各项属性。

图 9-116

数字文本域相关属性的设置与前面介绍的表单元素属性的设置基本相同，这里就不再赘述。

9.4.7 插入范围表单元素

范围表单元素是将输入框显示为滑动条，其作用是作为某一特定范围内的数值选择器。若要在表单中插入范围表单元素，先将光标放在表单轮廓内需要插入范围表单元素的位置，然后插入范围表单元素，如图 9-117 所示。

插入范围表单元素有以下几种方法。

① 使用"插入"面板"表单"选项卡中的"范围"按钮 🎚️，在文档窗口的表单中出现一个范围表单元素。

② 选择"插入 > 表单 > 范围"命令，在文档窗口的表单中出现一个范围表单元素。

图 9-117

在"属性"面板中显示范围表单元素的属性，如图 9-118 所示，可以根据需要设置该范围表单元素的各项属性。

图 9-118

范围表单元素相关属性的设置与前面介绍的表单元素属性的设置基本相同，这里就不再赘述。

9.4.8 插入颜色表单元素

颜色表单元素应用于网页时会默认提供一个颜色选择器，但在大部分浏览器中还不能实现效果，在 Chrome、火狐浏览器中都可以看到颜色表单元素的效果，如图 9-119 所示。

若要在表单域中插入颜色表单元素，先将光标放在表单轮廓内需要插入颜色表单元素的位置，然后插入颜色表单元素，如图 9-120 所示。

图 9-119　　　　　　　　　　　　　　　　图 9-120

插入颜色表单元素有以下几种方法。

① 使用"插入"面板"表单"选项卡中的"颜色"按钮 ⊞，在文档窗口的表单中出现一个颜色表单元素。

② 选择"插入 > 表单 > 颜色"命令，在文档窗口的表单中出现一个颜色表单元素。

在"属性"面板中显示颜色表单元素的属性，如图 9-121 所示，可以根据需要设置该颜色表单元素的各项属性。

图 9-121

颜色表单元素相关属性的设置与前面介绍的表单元素属性的设置基本相同，这里就不再赘述。

9.4.9　课堂案例——鑫飞越航空网页

【案例学习目标】使用"表单"选项卡中的按钮插入日期表单元素。

【案例知识要点】使用"日期"按钮插入日期表单元素，如图 9-122 所示。

【效果所在位置】学习资源 > Ch09 > 效果 > 鑫飞越航空网页 > index.html。

图 9-122

（1）选择"文件 > 打开"命令，在弹出的"打开"对话框中选择本书学习资源中的"Ch09 > 素材 > 鑫飞越航空网页 > index.html"文件，单击"打开"按钮打开文件，如图 9-123 所示。将光标置入文字"出发城市："右侧的单元格，如图 9-124 所示。

图 9-123   图 9-124

（2）单击"插入"面板"表单"选项卡中的"文本"按钮 ▣，在光标所在的位置插入单行文本域，选中单行文本域，在"属性"面板中将"Size"选项设为 15，效果如图 9-125 所示。选中文字"Text Field:"，如图 9-126 所示，按 Delete 键，将其删除，效果如图 9-127 所示。

（3）用相同的方法在文字"到达城市"右侧的单元格中插入单行文本域，并设置相应的属性，效果如图 9-128 所示。

图 9-125   图 9-126   图 9-127   图 9-128

（4）将光标置入文字"出发日期"右侧的单元格，如图 9-129 所示。单击"插入"面板"表单"选项卡中的"日期"按钮 ▦，在光标所在的位置插入日期表单元素。选中文字"Date:"，按 Delete 键，将其删除，效果如图 9-130 所示。

（5）用相同的方法在文字"回程日期"右侧的单元格中插入日期表单元素，效果如图 9-131 所示。

图 9-129   图 9-130   图 9-131

（6）保存文档，按 F12 键预览效果。可以在日期列表中选择需要的日期，如图 9-132 所示。

图 9-132

9.4.10 插入月表单元素

月表单元素作用是为用户提供一个月选择器，但在大部分浏览器中还不能实现效果，在 Chrome、360、Opera 浏览器中都可以看到月表单元素的效果，如图 9-133 所示。

若要在表单中插入月表单元素，先将光标放在表单轮廓内需要插入月表单元素的位置，然后插入月表单元素，如图 9-134 所示。

图 9-133

图 9-134

插入月表单元素有以下几种方法。

① 使用"插入"面板"表单"选项卡中的"月"按钮 🗓，在文档窗口的表单中出现一个月表单元素。

② 选择"插入 > 表单 > 月"命令，在文档窗口的表单中出现一个月表单元素。

在"属性"面板中显示月表单元素的属性，如图 9-135 所示，可以根据需要设置该月表单元素的各项属性。

图 9-135

月表单元素相关属性的设置与前面介绍的表单元素属性的设置基本相同，这里就不再赘述。

9.4.11　插入周表单元素

周表单元素作用是为用户提供一个周选择器，但在大部分浏览器中还不能实现效果，在 Chrome、360、Opera 浏览器中都可以看到周表单元素的效果，如图 9-136 所示。

若要在表单中插入周表单元素，先将光标放在表单轮廓内需要插入周表单元素的位置，然后插入周表单元素，如图 9-137 所示。

图 9-136

图 9-137

插入周表单元素有以下几种方法。

① 使用"插入"面板"表单"选项卡中的"周"按钮 📅，在文档窗口的表单中出现一个周表单元素。

② 选择"插入 > 表单 > 周"命令，在文档窗口的表单中出现一个周表单元素。

在"属性"面板中显示周表单元素的属性，如图 9-138 所示，可以根据需要设置该周表单元素的各项属性。

图 9-138

周表单元素相关属性的设置与前面介绍的表单元素属性的设置基本相同，这里就不再赘述。

9.4.12　插入日期表单元素

日期表单元素作用是为用户提供一个日期选择器，但在大部分浏览器中还不能实现效果，在 Chrome、360、Opera 浏览器中都可以看到日期表单元素的效果，如图 9-139 所示。

若要在表单中插入日期表单元素，先将光标放在表单轮廓内需要插入日期表单元素的位置，然后插入日期表单元素，如图 9-140 所示。

图 9-139

图 9-140

插入日期表单元素有以下几种方法。

① 使用"插入"面板"表单"选项卡中的"日期"按钮 ⊞，在文档窗口的表单中出现一个日期表单元素。

② 选择"插入 > 表单 > 日期"命令，在文档窗口的表单中出现一个日期表单元素。

在"属性"面板中显示日期表单元素的属性，如图 9-141 所示，可以根据需要设置该日期表单元素的各项属性。

图 9-141

日期表单元素相关属性的设置与前面介绍的表单元素属性的设置基本相同，这里就不再赘述。

9.4.13 插入时间表单元素

时间表单元素作用是为用户提供一个时间选择器，但在大部分浏览器中还不能实现效果，在 Chrome、360、Opera 浏览器中都可以看到时间表单元素的效果，如图 9-142 所示。

若要在表单中插入时间表单元素，先将光标放在表单轮廓内需要插入时间表单元素的位置，然后插入时间表单元素，如图 9-143 所示。

图 9-142

图 9-143

插入时间表单元素有以下几种方法。

① 使用"插入"面板"表单"选项卡中的"时间"按钮 ⊙，在文档窗口的表单中出现一个时间表单元素。

② 选择"插入 > 表单 > 时间"命令，在文档窗口的表单中出现一个时间表单元素。

在"属性"面板中显示时间表单元素的属性，如图 9-144 所示，可以根据需要设置该时间表单元素的各项属性。

图 9-144

时间表单元素相关属性的设置与前面介绍的表单元素属性的设置基本相同，这里就不再赘述。

9.4.14　插入日期时间表单元素

日期时间表单元素作用是为用户提供一个完整的日期和时间选择器，但在大部分浏览器中还不能实现效果，在 Chrome、360、Opera 浏览器中都可以看到日期时间表单元素的效果，如图 9-145 所示。

若要在表单中插入日期时间表单元素，先将光标放在表单轮廓内需要插入日期时间表单元素的位置，然后插入日期时间表单元素，如图 9-146 所示。

图 9-145

图 9-146

插入日期时间表单元素有以下几种方法。

① 使用"插入"面板"表单"选项卡中的"日期时间"按钮 🗓，在文档窗口的表单中出现一个日期时间表单元素。

② 选择"插入 > 表单 > 日期时间"命令，在文档窗口的表单中出现一个日期时间表单元素。

在"属性"面板中显示日期时间表单元素的属性，如图 9-147 所示，可以根据需要设置该日期时间表单元素的各项属性。

图 9-147

日期时间表单元素相关属性的设置与前面介绍的表单元素属性的设置基本相同，这里就不再赘述。

9.4.15 插入日期时间（当地）表单元素

日期时间（当地）表单元素作用是为用户提供一个完整的日期和时间（不包含时区）选择器，但在大部分浏览器中还不能实现效果，在 Chrome、360、Opera 浏览器中都可以看到日期时间（当地）表单元素的效果，如图 9-148 所示。

若要在表单中插入日期时间（当地）表单元素，先将光标放在表单轮廓内需要插入日期时间（当地）表单元素的位置，然后插入日期时间（当地）表单元素，如图 9-149 所示。

图 9-148

图 9-149

插入日期时间（当地）表单元素有以下几种方法。

① 使用"插入"面板"表单"选项卡中的"日期时间（当地）"按钮 ，在文档窗口的表单中出现一个日期时间（当地）表单元素。

② 选择"插入 > 表单 > 日期时间（当地）"命令，在文档窗口的表单中出现一个日期时间（当地）表单元素。

在"属性"面板中显示日期时间（当地）表单元素的属性，如图 9-150 所示，可以根据需要设置该日期时间（当地）表单元素的各项属性。

图 9-150

日期时间（当地）表单元素相关属性的设置与前面介绍的表单元素属性的设置基本相同，这里就不再赘述。

课堂练习——智能扫地机器人网页

【练习知识要点】使用"表单"按钮插入表单，使用"Table"按钮插入表格，进行页面布局，使用"图像按钮"按钮插入图像按钮，使用"复选框"按钮插入复选框，使用"文本"按钮插入单行文本域，使用"Tel"按钮插入 Tel 文本域，效果如图 9-151 所示。

【素材所在位置】学习资源 > Ch09 > 素材 > 智能扫地机器人网页 > index.html。

【效果所在位置】学习资源 > Ch09 > 效果 > 智能扫地机器人网页 > index.html。

图 9-151

课后习题——创新生活网页

【习题知识要点】使用"CSS 设计器"面板设置文字的大小和行距，使用"单选按钮"按钮制作单选题，使用"图像按钮"按钮插入图像按钮，如图 9-152 所示。

【素材所在位置】学习资源 > Ch09 > 素材 > 创新生活网页 > index.html。

【效果所在位置】学习资源 > Ch09 > 效果 > 创新生活网页 > index.html。

图 9-152

第10章 行为

本章介绍

行为是 Dreamweaver 预置的 JavaScript 程序库，每个行为包括一个动作和一个事件。任何一个动作都需要一个事件激活，两者相辅相成。动作是一段已编辑好的 JavaScript 代码，这些代码在特定事件被激发时执行。本章主要讲解行为和动作的应用方法，通过对这些内容的学习，可以在网页中熟练应用行为和动作，使设计制作的网页更加生动精彩。

学习目标

- 掌握"行为"面板的使用
- 掌握调用 JavaScript、打开浏览器窗口和转到 URL 动作的使用方法
- 掌握检查插件、检查表单和交换图像动作的使用方法
- 掌握设置容器的文本、设置状态栏文本和设置文本域文字动作的使用方法
- 掌握跳转菜单和跳转菜单开始动作的使用方法

技能目标

- 掌握爱在七夕网页的制作方法
- 掌握品牌商城网页的制作方法
- 掌握卫浴网页的制作方法

10.1 行为概述

行为可理解成在网页中选择的一系列动作，以实现用户与网页间的交互。行为代码是 Dreamweaver CC 2018 提供的内置代码，运行于客户端的浏览器中。

10.1.1 "行为"面板

用户习惯于使用"行为"面板为网页元素指定动作和事件。在文档窗口中，选择"窗口 > 行为"命令，或按 Shift+F4 组合键，弹出"行为"面板，如图 10-1 所示。

"行为"面板由以下几部分组成。

"添加行为"按钮 +：单击该按钮，弹出动作菜单。添加行为时，从动作菜单中选择一个动作即可。

"删除事件"按钮 −：在面板中删除所选的事件和动作。

图 10-1

"增加事件值"按钮 ▲、"降低事件值"按钮 ▼：在面板中通过上、下移动所选择的动作来调整动作的顺序。在"行为"面板中，所有事件和动作按照它们在面板中的显示顺序发生和执行，设计时要根据实际情况调整动作的顺序。

10.1.2 应用行为

1. 将行为附加到网页元素上

（1）在文档窗口中选择一个元素，如一个图像或一个链接。若要将行为附加到整个网页上，则单击文档窗口左下侧的标签选择器中的 body 标签。

（2）选择"窗口 > 行为"命令，弹出"行为"面板。

（3）单击"添加行为"按钮 +，并在弹出的菜单中选择一个动作，如图 10-2 所示，将弹出相应的参数设置对话框，在其中进行设置后，单击"确定"按钮。

（4）在"行为"面板的事件列表中显示动作的默认事件，单击该事件，会出现下拉按钮 ∨，单击下列按钮 ∨，弹出包含全部事件的事件列表，如图 10-3 所示，用户可根据需要选择相应的事件。

2. 将行为附加到文本上

将某个行为附加到所选的文本上的具体操作步骤如下。

（1）为文本添加一个空链接。

（2）选择"窗口 > 行为"命令，弹出"行为"面板。

图 10-2　　　　　　图 10-3

（3）选中文本，单击"添加行为"按钮 +，从弹出的菜单中选择一个动作，如"弹出信息"动作，并在弹出的对话框中设置该动作的参数，如图 10-4 所示。

（4）在"行为"面板的事件列表中显示动作的默认事件，单击该事件，会出现下拉按钮 ∨，单击下拉按钮 ∨，弹出包含全部事件的事件列表，如图 10-5 所示。用户可根据需要选择相应的事件。

图 10-4

图 10-5

10.2　动作

动作是系统预先定义好的选择指定任务的代码。因此，用户需要了解系统所提供的动作，掌握每个动作的功能以及实现这些功能的方法。下面将介绍几个常用的动作。

10.2.1　课堂案例——爱在七夕网页

【案例学习目标】使用"行为"面板设置打开浏览器窗口效果。

【案例知识要点】使用"打开浏览器窗口"命令制作在网页中显示指定大小的弹出窗口效果，如图 10-6 所示。

【效果所在位置】学习资源 > Ch10 > 效果 > 爱在七夕网页 > index.html。

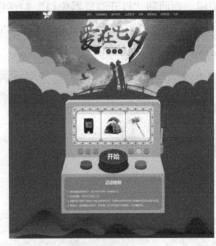

图 10-6

1．在网页中显示指定大小的弹出窗口

（1）选择"文件 > 打开"命令，在弹出的"打开"对话框中选择本书学习资源中的"Ch10 > 素材 > 爱在七夕网页 > index.html"文件，单击"打开"按钮打开文件，如图 10-7 所示。

（2）单击窗口下方标签选择器中的 body 标签，选择整个网页文档，如图 10-8 所示。

图 10-7

图 10-8

（3）按 Shift+F4 组合键，弹出"行为"面板，如图 10-9 所示，单击面板中的"添加行为"按钮 **+**，在弹出的菜单中选择"打开浏览器窗口"命令，弹出"打开浏览器窗口"对话框，如图 10-10 所示。

图 10-9   图 10-10

（4）单击"要显示的 URL"选项右侧的"浏览..."按钮，在弹出的"选择文件"对话框中选择本书学习资源中的"Ch10 > 素材 > 爱在七夕网页 > ziye.html"文件，如图 10-11 所示，单击"确定"按钮，返回到"打开浏览器窗口"对话框，如图 10-12 所示，其他选项的设置如图 10-13 所示，单击"确定"按钮，在"行为"面板中单击"onLoad"选项右侧的 ∨ 按钮，在弹出的菜单中选择"onClick"选项，"行为"面板如图 10-14 所示。

图 10-11   图 10-12

图 10-13   图 10-14

（5）保存文档，按 F12 键预览效果，在页面中单击时会弹出窗口，如图 10-15 所示。

图 10-15

2. 添加导航工具栏和菜单栏

（1）返回到 Dreamweaver CC 2018 界面中，双击动作"打开浏览器窗口"，弹出"打开浏览器窗口"对话框，选择"导航工具栏"和"菜单条"复选框，如图 10-16 所示，单击"确定"按钮完成设置。

（2）保存文档，按 F12 键预览效果，在弹出的窗口中显示导航工具栏和菜单栏，如图 10-17所示。

图 10-16

图 10-17

10.2.2 调用 JavaScript

"调用 JavaScript"动作的功能是当发生某个事件时选择自定义函数或 JavaScript 代码行。

使用"调用 JavaScript"动作的具体操作步骤如下。

（1）选择一个网页元素对象，如"刷新"按钮，如图 10-18 所示，打开"行为"面板。

（2）在"行为"面板中单击"添加行为"按钮 ＋ ，从弹出的菜单中选择"调用 JavaScript"动作，弹出"调用 JavaScript"对话框，如图 10-19 所示，在文本框中输入 JavaScript 代码或用户想要触发的函数名。例如，要在用户单击"刷新"按钮时刷新网页，用户可以输入"window.location.reload()"；要在用户单击"关闭"按钮时关闭网页，用户可以输入"window.close()"。单击"确定"按钮完成设置。

图 10-18 　　　　　　　　　　　　　　　　图 10-19

（3）如果不使用默认事件，则单击该事件，会出现下拉按钮 ∨，单击下拉按钮 ∨，弹出包含全部事件的事件列表，用户可根据需要选择相应的事件，如图 10-20 所示。

（4）按 F12 键预览网页，当单击"关闭"按钮时，用户看到的效果如图 10-21 所示。

图 10-20 　　　　　　　　　　　　图 10-21

10.2.3　打开浏览器窗口

使用"打开浏览器窗口"动作可以在一个新的窗口中打开指定的网页，还可以指定新窗口的属性、特征和名称，具体操作步骤如下。

（1）打开一个网页文件，选择一张图片，如图 10-22 所示。

（2）打开"行为"面板，单击"添加行为"按钮 +，并在弹出的菜单中选择"打开浏览器窗口"动作，弹出"打开浏览器窗口"对话框，在对话框中根据需要设置相应参数，如图 10-23 所示，单击"确定"按钮完成设置。

图 10-22 　　　　　　　　　　　　图 10-23

对话框中各选项的作用如下。

"要显示的 URL"选项：是必选项，用于设置要显示的网页的地址。

"窗口宽度"和"窗口高度"选项：以像素为单位设置窗口的宽度和高度。

"属性"选项组：根据需要选择下列复选框以设定窗口的外观。

"导航工具栏"复选框：设置是否在浏览器顶部显示导航工具栏。导航工具栏包括"主页"和"打印"等按钮。

"地址工具栏"复选框：设置是否在浏览器顶部显示地址栏。

"状态栏"复选框：设置是否在浏览器窗口底部显示状态栏，用以显示提示、状态等信息。

"菜单条"复选框：设置是否在浏览器顶部显示菜单栏，包括"文件""编辑""查看""收藏夹"和"帮助"等菜单项。

"需要时使用滚动条"复选框：设置在浏览器的内容超出可视区域时，是否显示滚动条。

"调整大小手柄"复选框：设置是否能够调整窗口的大小。

"窗口名称"选项：输入新窗口的名称。因为通过 JavaScript 使用链接指向新窗口或控制新窗口，所以应该对新窗口进行命名。

（3）添加行为时，系统自动为用户选择了事件"onLoad"。需要调整事件，则单击该事件，会出现下拉按钮 ⌄，单击下拉按钮 ⌄，选择"onMouseOver"（鼠标指针经过）选项，如图 10-24 所示，"行为"面板中的事件立即改变。

（4）使用相同的方法，为其他图片添加行为。

（5）保存文档，按 F12 键预览网页，当鼠标指针经过指定的图片时，会弹出一个窗口，显示大图片，如图 10-25 所示。

图 10-24　　　　　　　　　　　　　　　图 10-25

10.2.4　转到 URL

"转到 URL"动作的功能是在当前窗口或指定的框架中打开一个新网页。此操作尤其适用于通过一次单击操作更改两个或多个框架的内容。

使用"转到 URL"动作的具体操作步骤如下。

（1）选择一个网页元素对象并打开"行为"面板。

（2）单击"添加行为"按钮 ＋，并从弹出的菜单中选择"转到 URL"动作，弹出"转到 URL"对话框，如图 10-26 所示。在对话框中根据需要设置相应选项，单击"确定"按钮完成设置。

对话框中各选项的作用如下。

"打开在"选项：列表中自动列出当前框架集中所有框架的名称以及主窗口。如果没有任何框架，则主窗口是唯一的选项。

"URL"选项：单击"浏览…"按钮选择要打开的文档，或输入网页的地址。

图 10-26

（3）如果不使用默认事件，则单击该事件，会出现下拉按钮 ∨，单击下拉按钮 ∨，弹出包含全部事件的事件列表，用户可根据需要选择相应的事件。

（4）按 F12 键预览网页。

10.2.5　课堂案例——品牌商城网页

【案例学习目标】使用"行为"面板设置交换图像效果。

【案例知识要点】使用"交换图像"命令制作鼠标指针经过图像时图像发生变化的效果，如图 10-27 所示。

【效果所在位置】学习资源 > Ch10 > 效果 > 品牌商城网页 > index.html。

（1）选择"文件 > 打开"命令，在弹出的"打开"对话框中选择本书学习资源中的"Ch10 > 素材 > 品牌商城网页 > index.html"文件，单击"打开"按钮打开文件，如图 10-28 所示。选中图 10-29 所示的图片。

图 10-27

图 10-28

图 10-29

（2）选择"窗口 > 行为"命令，弹出"行为"面板，单击面板中的"添加行为"按钮 +，在弹出的菜单中选择"交换图像"命令，弹出"交换图像"对话框，如图 10-30 所示。单击"设定原始档为"选项右侧的"浏览..."按钮,在弹出的"选择图像源文件"对话框中选择本书学习资源中的"Ch10 > 素材 > 品牌商城网页 > images > img_02.jpg"文件,如图 10-31 所示,单击"确定"按钮,返回到"交换图像"对话框中,如图 10-32 所示,单击"确定"按钮,"行为"面板如图 10-33 所示。

图 10-30 　　　　　　　　　　　　　　　　　图 10-31

图 10-32 　　　　　　　　　　　　　　　图 10-33

（3）保存文档,按 F12 键预览效果,如图 10-34 所示,当鼠标指针滑过图像时,图像发生变化,如图 10-35 所示。

图 10-34 　　　　　　　　　　　　　　　图 10-35

10.2.6　检查插件

"检查插件"动作的功能是判断用户是否安装了指定的插件,根据结果转到不同的页面。

使用"检查插件"动作的具体操作步骤如下。

（1）选择一个网页元素对象并打开"行为"面板。

（2）在"行为"面板中单击"添加行为"按钮 +，并从弹出的菜单中选择"检查插件"动作，弹出"检查插件"对话框，如图 10-36 所示。在对话框中根据需要设置相应选项，单击"确定"按钮完成设置。

图 10-36

对话框中各选项的作用如下。

"插件"选项组：设置插件对象，包括选择插件和输入插件名称两种方式。若选择"选择"单选项，则从其右侧的下拉菜单中选择一个插件。若选择"输入"单选项，则在其右侧的文本框中输入插件的确切名称。

"如果有，转到 URL"选项：为具有该插件的浏览者指定一个网页地址。若要让具有该插件的浏览者停留在同一网页上，则将此选项空着。

"否则，转到 URL"选项：为不具有该插件的浏览者指定一个替代网页地址。若要让不具有该插件的浏览者停留在同一网页上，则将此选项空着。默认情况下，当不能检测时，转到"否则，转到 URL"文本框中列出的 URL 对应的网页。

"如果无法检测，则始终转到第一个 URL"选项：当不能检测时，想转到"如果有，转到 URL"选项指定的网页，则选择此复选框。通常，若插件内容对于用户的网页而言是不必要的，则保持此复选框的未被选中状态。

（3）如果不使用默认事件，则单击该事件，会出现下拉按钮 ⌄，单击下拉按钮 ⌄，弹出包含全部事件的事件列表，用户可根据需要选择相应的事件。

（4）按 F12 键预览网页。

10.2.7 检查表单

"检查表单"动作的功能是检查指定的文本域的内容以确保用户输入了正确类型的数据。若使用 onBlur 事件将"检查表单"动作分别附加到各文本域中，则在用户填写表单时对文本域进行检查。若使用 onSubmit 事件将"检查表单"动作附加到表单中，则在用户单击"提交"按钮时，同时对多个文本域进行检查。将"检查表单"动作附加到表单中，能防止将表单中任何指定的文本域内的无效数据提交到服务器上。

使用"检查表单"动作的具体操作步骤如下。

（1）选择文档窗口下部的表单标签<form>，打开"行为"面板。

（2）在"行为"面板中单击"添加行为"按钮 **+**，并从弹出的菜单中选择"检查表单"动作，弹出"检查表单"对话框，如图 10-37 所示。

对话框中各选项的作用如下。

"域"选项：在列表框中选择表单内需要进行检查的其他对象。

"值"选项：设置在"域"选项中选择的表单对象的值是否在用户浏览表单时必须设置。

图 10-37

"可接受"选项组：设置"域"选项中选择的表单对象允许接受的值。允许接受的值包含以下几种类型。

"任何东西"单选项：设置检查的表单对象中可以包含任何特定类型的数据。

"电子邮件地址"单选项：设置检查的表单对象中可以包含一个"@"符号。

"数字"单选项：设置检查的表单对象中只包含数字。

"数字从……到……"单选项：设置检查的表单对象中只包含特定范围内的数字。

在对话框中根据需要设置相应选项，先在"域"选项中选择要检查的表单对象，然后在"值"选项中设置是否必须检查该表单对象，再在"可接受"选项组中设置表单对象允许接受的值，最后单击"确定"按钮完成设置。

（3）如果不使用默认事件，则单击该事件，会出现下拉按钮 ∨，单击下拉按钮 ∨，弹出包含全部事件的事件列表，用户可根据需要选择相应的事件。

（4）按 F12 键预览网页。

在用户提交表单时，如果要检查多个表单对象，则自动选择 onSubmit 事件。如果要分别检查各个表单对象，则检查默认事件是否是 onBlur 或 onChange 事件。当用户从要检查的表单对象上移开鼠标指针时，这两个事件都触发"检查表单"动作。它们之间的区别是 onBlur 事件不管用户是否在该表单对象中输入内容都会发生，而 onChange 事件只有在用户更改了该表单对象的内容时才发生。当表单对象是必须检查的表单对象时，最好使用 onBlur 事件。

10.2.8　交换图像

"交换图像"动作通过更改<img>标签的 src 属性将一个图像和另一个图像交换。"交换图像"动作主要用于创建当鼠标指针经过时产生动态变化的按钮。

使用"交换图像"动作的具体操作步骤如下。

（1）若文档中没有图像，则选择"插入 > Image"命令或单击"插入"面板"HTML"选项卡中的"Image"按钮 来插入一个图像。若要在鼠标指针经过一个图像时使多个图像同时变换成相同的图像，则需要插入多个图像。

（2）选择一个要变换的图像对象，并打开"行为"面板。

（3）在"行为"面板中单击"添加行为"按钮 **+**，并从弹出的菜单中选择"交换图像"动作，弹出"交换图像"对话框，如图 10-38 所示。

在对话框中各选项的作用如下。

"图像"选项：选择要更改其源的图像。

"设定原始档为"选项：输入新图像的路径或单击"浏览..."按钮并选择新图像文件。

"预先载入图像"复选框：设置是否在载入网页时将新图像载入浏览器的缓存。若选择此复选框，则可防止由于下载而导致图像出现的延迟。

"鼠标滑开时恢复图像"复选框：设置是否在鼠标指针滑开时恢复图像。若选择此复选框，则会自动添加"恢复交换图像"动作，将最后一组交换的图像恢复为它们以前的源文件，这样，就会出现连续的动态效果。

图 10-38

根据需要从"图像"选项框中选择要更改其源的图像，在"设定原始档为"文本框中输入新图像的路径或单击"浏览..."按钮并选择新图像文件，选择"预先载入图像"和"鼠标滑开时恢复图像"复选框，然后单击"确定"按钮完成设置。

（4）如果不使用默认事件，则单击该事件，会出现下拉按钮 ∨，单击下拉按钮 ∨，弹出包含全部事件的事件列表，用户可根据需要选择相应的事件。

（5）按 F12 键预览网页。

> **提示** 因为只有 src 属性受此动作的影响，所以用户应该换入一个与原图像具有相同高度和宽度的图像。否则，换入的图像显示时会被压缩或扩展，以使其适应原图像的尺寸。

10.2.9　课堂案例——卫浴网页

【案例学习目标】使用"行为"面板设置状态栏显示的内容。

【案例知识要点】使用"设置状态栏文本"命令设置在加载网页文档时在状态栏中显示的文字，如图 10-39 所示。

【效果所在位置】学习资源 > Ch10 > 效果 > 卫浴网页 > index.html。

图 10-39

（1）选择"文件 > 打开"命令，在弹出的"打开"对话框中选择本书学习资源中的"Ch10 > 素材 > 卫浴网页 > index.html"文件，单击"打开"按钮，效果如图 10-40 所示。单击窗口下方标签选择器中的 body 标签，选择整个网页文档，如图 10-41 所示。

图 10-40

图 10-41

（2）选择"窗口 > 行为"命令，弹出"行为"面板，在"行为"面板中单击"添加行为"按钮 **＋**，并在弹出的菜单中选择"设置文本 > 设置状态栏文本"命令，弹出"设置状态栏文本"对话框，在对话框中进行设置，如图 10-42 所示。单击"确定"按钮，在"行为"面板中单击事件，再单击下拉按钮 **∨**，在弹出的下拉列表中选择"onLoad"事件，如图 10-43 所示。

图 10-42

图 10-43

（3）保存文档，按 F12 键预览网页，在浏览器的状态栏中会显示刚才设置的文本，效果如图 10-44 所示。

10.2.10　设置容器的文本

"设置容器的文本"动作的功能是用指定的内容替换网页上现有层的内容和格式。该内容可以包括任何有效的 HTML 源代码。

虽然"设置容器的文本"将替换层的内容和格式，但保留层的属性，包括颜色。通过在"设置容器的文本"

图 10-44

对话框的"新建 HTML"文本框中加入 HTML 标签，可对内容进行格式设置。

使用"设置容器的文本"动作的具体操作步骤如下。

（1）单击"插入"面板"HTML"选项卡中的"Div"按钮 ⊡，在文档窗口中生成一个 div 容器。选中窗口中的 div 容器，在"属性"面板的"ID"文本框中输入一个名称。

（2）在文档窗口中选择一个对象，如文字、图像、按钮等，并打开"行为"面板。

（3）在"行为"面板中，单击"添加行为"按钮 **＋**，并从弹出的菜单中选择"设置文本 > 设置容器的文本"命令，弹出"设置容器的文本"对话框，如图 10-45 所示。

图 10-45

对话框中各选项的作用如下。

"容器"选项：选择目标层。

"新建 HTML"选项：输入层内显示的消息或相应的 JavaScript 代码。

在对话框中根据需要选择相应的层，并在"新建 HTML"选项中输入层内显示的消息，单击"确定"按钮完成设置。

（4）如果不使用默认事件，则单击该事件，会出现下拉按钮 ∨，单击下拉按钮 ∨，弹出包含全部事件的事件列表，用户可根据需要选择相应的事件。

（5）按 F12 键预览网页。

提示 可以在文本中嵌入任何有效的 JavaScript 函数调用、属性、全局变量或其他表达式，但要嵌入一个 JavaScript 表达式，则需将其放置在大括号（{}）中。若要显示大括号，则需在它前面加一个反斜杠（\）。例如，文本可为"The URL for this page is {window.location}, and today is {new Date()}."。

10.2.11 设置状态栏文本

"设置状态栏文本"动作的功能是设置在浏览器窗口底部左侧的状态栏中显示的消息。访问者常常会忽略或注意不到状态栏中的消息，如果消息非常重要，还是考虑将其显示为弹出式消息或层文本。可以在文本中嵌入任何有效的 JavaScript 函数调用、属性、全局变量或其他表达式。若要嵌入一个 JavaScript 表达式，需将其放置在大括号（{}）中。

使用"设置状态栏文本"动作的具体操作步骤如下。

（1）选择一个对象，如文字、图像、按钮等，并打开"行为"面板。

（2）在"行为"面板中单击"添加行为"按钮 +，并从弹出的菜单中选择"设置文本 > 设置状态栏文本"命令，弹出"设置状态栏文本"对话框，如图 10-46 所示。对话框中只有一个"消息"选项，其作用是在文本框中输入要在状态栏中显示的消息。消息要简明扼要，否则，浏览器将把溢出的消息截掉。

图 10-46

在对话框中根据需要输入状态栏消息或相应的 JavaScript 代码，单击"确定"按钮完成设置。

（3）如果不使用默认事件，在"行为"面板中单击该动作前的事件，再单击下拉按钮，在事件列表中选择相应的事件。

（4）按 F12 键预览网页。

10.2.12 设置文本域文字

"设置文本域文字"动作的功能是用指定的内容替换表单文本域的内容。可以在文本中嵌入任何有效的 JavaScript 函数调用、属性、全局变量或其他表达式。若要嵌入一个 JavaScript 表达式，将其放置在大括号（{}）中。若要显示大括号，在它前面加一个反斜杠（\）。

使用"设置文本域文字"动作的具体操作步骤如下。

（1）若文档中没有文本域对象，则要创建一个文本域。先选择"插入 > 表单 > 文本区域"命令，在页面中创建多行文本域，然后在"属性"面板的"Name"选项中输入该文本域的名称，并使该名称在网页中是唯一的，如图 10-47 所示。

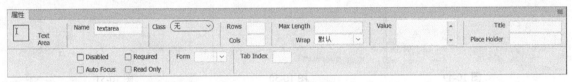

图 10-47

（2）选择该文本域并打开"行为"面板。

（3）在"行为"面板中单击"添加行为"按钮 +，并从弹出的菜单中选择"设置文本 > 设置文本域文字"命令，弹出"设置文本域文字"对话框，如图 10-48 所示。

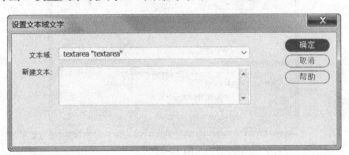

图 10-48

对话框中各选项的作用如下。

"文本域"选项：选择目标文本域。

"新建文本"选项：输入要替换的文本信息或相应的 JavaScript 代码。如要在表单文本域中显示网页的地址和当前日期，则在"新建文本"选项中输入"The URL for this page is {window.location}, and today is {new Date()}."。

在对话框中根据需要选择相应的文本域，并在"新建文本"选项中输入要替换的文本信息或相应的 JavaScript 代码，单击"确定"按钮完成设置。

（4）如果不使用默认事件，则单击该事件，会出现下拉按钮 ∨，单击下拉按钮 ∨，弹出包含全部事件的事件列表，用户可根据需要选择相应的事件。

（5）按 F12 键预览网页。

10.2.13　跳转菜单

跳转菜单是链接的一种形式，与真正的链接相比，跳转菜单可以节省很大的空间。跳转菜单从表单中的下拉菜单发展而来，通过"行为"面板中的"跳转菜单"选项添加。

使用"跳转菜单"动作的具体操作步骤如下。

（1）新建一个空白页面，并将其保存在适当的位置。单击"插入"面板"表单"选项卡中的"表单"按钮 ▤ ，在页面中插入一个表单，如图 10-49 所示。

（2）单击"插入"面板"表单"选项卡中的"选择"按钮 ▤ ，在表单中插入一个下拉菜单，如图 10-50 所示。选中文字"Select:"并将其删除，效果如图 10-51 所示。

图 10-49　　　　　　　　　　图 10-50　　　　　　　　　　图 10-51

（3）在页面中选择下拉菜单，打开"行为"面板，单击"添加行为"按钮 ，并从弹出的菜单中选择"跳转菜单"命令，弹出"跳转菜单"对话框，如图 10-52 所示。

图 10-52

对话框中各选项的作用如下。

"添加项"按钮 ✚ 和"删除项"按钮 ━ ：添加或删除菜单项。

"在列表中下移项"按钮 ▼ 和"在列表中上移项"按钮 ▲ ：在菜单项列表中移动当前菜单项，设置该菜单项在菜单项列表中的位置。

"菜单项"选项：显示所有菜单项。

"文本"选项：设置当前菜单项的显示文字，它会出现在菜单项列表中。

"选择时，转到 URL"选项：为当前菜单项设置当浏览者单击它时要打开的网页地址。

"打开 URL 于"选项：设置打开网页的窗口类型，包括"主窗口"和"框架"两个选项。"主窗口"选项表示在同一个窗口中打开文件；"框架"选项表示在所选中的框架中打开文件，但选择该选项前应先给框架命名。

"更改 URL 后选择第一个项目"选项：设置浏览者通过跳转菜单打开网页后，该菜单项是否是第一个菜单项。

在对话框中根据需要更改和重新排列菜单项、更改要跳转到的网页以及更改打开这些网页的窗口，然后单击"确定"按钮完成设置。

（4）如果不使用默认事件，则单击该事件，会出现下拉按钮 ⌄，单击下拉按钮 ⌄，弹出包含全部事件的事件列表，用户可根据需要选择相应的事件。

（5）按 F12 键预览网页。

10.2.14　跳转菜单开始

"跳转菜单开始"动作与"跳转菜单"动作密切关联。"跳转菜单开始"将一个"前往"按钮和一个跳转菜单关联起来，单击"前往"按钮打开在该跳转菜单中选择的链接。通常情况下，跳转菜单不需要"前往"按钮。但是如果跳转菜单出现在一个框架中，而跳转菜单项链接到其他框架中的网页，则通常需要使用"前往"按钮，以允许访问者重新选择已在跳转菜单中选择的项。

使用"跳转菜单开始"动作的具体操作步骤如下。

（1）打开上一小节制作好的效果文件，如图 10-53 所示。选中下拉菜单，在"属性"面板中单击"列表值"按钮，弹出"列表值"对话框，单击 ＋ 按钮，再添加一个项目，如图 10-54 所示，单击"确定"按钮，完成列表值的修改。

（2）将光标置于下拉菜单的后面，单击"插入"面板"表单"选项卡中的"按钮"按钮 ▭，在表单中插入一个普通按钮，在"属性"面板中将"Value"修改为"前往"，如图 10-55 所示。

图 10-53　　　　　　　　　　　　图 10-54　　　　　　　　　　　　图 10-55

（3）选中"前往"按钮，在"行为"面板中单击"添加行为"按钮 ＋，并从弹出的菜单中选择"跳转菜单开始"命令，弹出"跳转菜单开始"对话框，如图 10-56 所示。在"选择跳转菜单"下拉列表中，选择"前往"按钮要激活的菜单，然后单击"确定"按钮完成设置。

图 10-56

（4）如果不使用默认事件，则单击该事件，会出现下拉按钮 ∨，单击下拉按钮 ∨，弹出包含全部事件的事件列表，用户可根据需要选择相应的事件。

（5）按 F12 键预览网页，如图 10-57 所示，单击"前往"按钮，跳转到相应的页面，效果如图 10-58 所示。

图 10-57

图 10-58

课堂练习——活动详情页

【练习知识要点】使用"弹出信息"命令为页面添加弹出信息效果，如图 10-59 所示。

【素材所在位置】学习资源 > Ch10 > 素材 > 活动详情页 > index.html。

【效果所在位置】学习资源 > Ch10 > 效果 > 活动详情页 > index.html。

图 10-59

课后习题——婚戒网页

【习题知识要点】使用"打开浏览器窗口"命令设置打开浏览器窗口效果，如图 10-60 所示。

【素材所在位置】学习资源 > Ch10 > 素材 > 婚戒网页 > index.html。

【效果所在位置】学习资源 > Ch10 > 效果 > 婚戒网页 > index.html。

图 10-60

第11章

网页代码

本章介绍

Dreamweaver CC 2018 提供代码编辑工具，方便用户直接编写或修改代码，实现 Web 页的交互效果。在 Dreamweaver CC 2018 中插入的网页内容及动作都会自动转换为代码，因此，只有熟悉查看和编写代码的环境，了解源代码才能真正懂得网页的内涵。

学习目标

- 掌握新建标签库、标签、属性的方法
- 掌握常用 HTML 标签的使用方法
- 掌握调用 HTML 事件过程的方法

技能目标

- 掌握自行车网页的制作方法

11.1 代码基础

虽然可以直接切换到"代码"视图查看和修改代码，但代码中很小的错误都会导致致命的错误，使网页无法正常地浏览。Dreamweaver CC 2018 提供了标签库编辑器来有效地创建源代码。

11.1.1 课堂案例——自行车网页

【案例学习目标】使用"页面属性"命令修改页面边距，使用"插入"面板制作浮动框架效果。

【案例知识要点】使用"页面属性"命令改变页面的边距和标题，使用"IFRAME"按钮制作浮动框架效果，如图 11-1 所示。

【效果所在位置】学习资源 > Ch11 > 效果 > 自行车网页 > index.html。

图 11-1

（1）打开 Dreamweaver CC 2018 后，新建一个空白文档。新建文档的初始名称为"Untitled-1"。选择"文件 > 保存"命令，弹出"另存为"对话框。在"保存在"下拉列表中选择当前站点目录保存路径，在"文件名"文本框中输入"index"，单击"保存"按钮，返回网页编辑窗口。

（2）选择"文件 > 页面属性"命令，弹出"页面属性"对话框，在左侧的"分类"列表中选择"外观（CSS）"选项，将"左边距""右边距""上边距"和"下边距"均设为 0 px，如图 11-2 所示；在左侧的"分类"列表中选择"标题/编码"选项，在"标题"文本框中输入"自行车网页"，如图 11-3 所示，单击"确定"按钮，完成页面属性的修改。

图 11-2

图 11-3

（3）单击"文档"工具栏中的"拆分"按钮 拆分 ，进入"拆分"视图窗口。将光标置于<body>标签后面，按 Enter 键，将光标切换到下一段，如图 11-4 所示。单击"插入"面板"HTML"选项卡中的"IFRAME"按钮 回 ，在光标所在的位置自动生成代码，如图 11-5 所示。

图 11-4

图 11-5

（4）将光标置于<iframe>标签中，按一次空格键，标签列表中出现该标签的属性参数，在其中选择属性"src"，如图 11-6 所示，出现"浏览…"属性，如图 11-7 所示，单击"浏览…"属性，在弹出的"选择文件"对话框中选择本书学习资源中的"Ch11 > 素材 > 自行车网页 > 01.html"文件，如图 11-8 所示，单击"确定"按钮，返回到文档窗口，代码如图 11-9 所示。

图 11-6   图 11-7

图 11-8   图 11-9

（5）在<iframe>标签中添加其他属性，如图 11-10 所示。

```
16 ▼<body>
17     <iframe src="01.html" width="800" height="500"></iframe>
18 </body>
19 </html>
20
```

图 11-10

（6）单击"文档"工具栏中的"设计"按钮 设计 ，返回设计视图窗口中，效果如图 11-11 所示。保存文档，按 F12 键预览效果，如图 11-12 所示。

图 11-11   图 11-12

11.1.2　代码提示功能

代码提示是网页制作者在代码窗口中编写或修改代码的有效工具。只要在"代码"视图的相应标签间按下 < 键或 Space 键，即会出现关于该标签常用属性、方法、事件的代码提示下拉列表，如图 11-13 所示。

在标签检查器中不能列出所有参数，如 onResize 等，但在代码提示列表中可以一一列出。因此，代码提示功能是网页制作者编写或修改代码的一个方便有效的工具。

图 11-13

11.1.3　添加和删除标签库、标签和属性

在 Dreamweaver CC 2018 中，标签库中有一组特定类型的标签，其中还包含 Dreamweaver CC 2018 应如何设置标签格式的信息。标签库提供了 Dreamweaver CC 2018 用于代码提示、目标浏览器检查、标签选择器和其他代码功能的标签信息。使用标签库编辑器，可以添加和删除标签库、标签和属性，设置标签库的属性以及编辑标签和属性。

选择"工具 > 标签库"命令，弹出"标签库编辑器"对话框，如图 11-14 所示。标签库中列出了绝大部分各种语言所用到的标签及其属性参数，设计者可以轻松地添加和删除标签库、标签和属性。

图 11-14

1. 新建标签库

打开"标签库编辑器"对话框，单击 + 按钮，在弹出的菜单中选择"新建标签库"命令，弹出"新建标签库"对话框，在"库名称"文本框中输入名称，如图 11-15 所示，单击"确定"按钮完成设置。

2. 新建标签

打开"标签库编辑器"对话框，单击 + 按钮，在弹出的菜单中选择"新建标签"命令，弹出"新建标签"对话框，如图 11-16 所示。先在"标签库"下拉列表中选择一个标签库，然后在"标签名称"文本框中输入新标签的名称。若要添加多个标签，则输入这些标签的名称，中间以逗号和空格来分隔标签的名称，如"First Tags, Second Tags"。如果新的标签具有相应的结束标签 (</…>)，则选择"具有匹配的结束标签"复选框，最后单击"确定"按钮完成设置。

3. 新建属性

"新建属性"命令用于为标签库中的标签添加新的属性。打开"标签库编辑器"对话框，单击 ✚ 按钮，在弹出的菜单中选择"新建属性"命令，弹出"新建属性"对话框，如图 11-17 所示，设置对话框中的选项。一般情况下，在"标签库"下拉列表中选择一个标签库，在"标签"下拉列表中选择一个标签，在"属性名称"文本框中输入新属性的名称。若要添加多个属性，则输入这些属性的名称，中间以逗号和空格来分隔属性的名称，如"width，height"，最后单击"确定"按钮完成设置。

图 11-15　　　　　　　　图 11-16　　　　　　　　图 11-17

4. 删除标签库、标签或属性

打开"标签库编辑器"对话框。先在"标签"选项框中选择一个标签库、标签或属性，再单击 ━ 按钮，则将选中的项从"标签"选项框中删除，单击"确定"按钮关闭"标签库编辑器"对话框。

11.2 常用的 HTML 标签

HTML 是超文本标记语言，HTML 文件是可被网络浏览器读取并产生网页的文件。常用的 HTML 标签有以下几种。

1. 文件结构标签

文件结构标签包含\<html>、\<head>、\<title>、\<body>等。\<html>标签用于标记页面的开始，它由文档头部分和文档体部分组成。浏览时只有文档体部分会被显示。\<head>标签用于标记网页的开头部分，开头部分用以存载重要资讯，如注释、meta 和标题等。\<title>标签用于标记页面的标题，浏览时在浏览器的标题栏上显示。\<body>标签用于标记网页的文档体部分。

2. 排版标签

在网页中有 4 种段落对齐方式：左对齐、右对齐、居中对齐和两端对齐。在 HTML 语言中，可以使用 align 属性来设置段落的对齐方式。

align 属性可以应用于多种标签，如分段标签\<p>、标题标签\<hn>以及水平线标签\<hr>等。align 属性的取值可以是：left（左对齐）、center（居中对齐）、right（右对齐）以及 justify（两端对齐）。两端对齐是指将一行中的文本在排满的情况下向左右两个页边对齐，以避免在左右页边出现锯齿状。

对于不同的标签，align 属性的默认值是有所不同的。对于分段标签和各个标题标签，align 属性的默认值为 left；对于水平线标签\<hr>，align 属性的默认值为 center。若要将文档中的多个段落的对齐方式设置成相同的，可将这些段落置于\<div>和\</div>标签之间，组成一个节，并使用 align 属性来设置该节的对齐方式。如果要将部分文档内容设置为居中对齐，也可以将这部分内容置于\<center>和\</center>标签之间。

3．列表标签

列表分为无序列表、有序列表两种。<li>标签标记无序列表，如项目符号；<ol>标签标记有序列表，如标号。

4．表格标签

表格标签包括表格标签<table>、表格标题标签<caption>、表格行标签<tr>、表格字段名标签<th>、列标签<td>等几个标签。

5．框架

框架网页将浏览器上的视窗分成不同区域，在每个区域中都可以独立显示一个网页。框架网页通过一个或多个<frameset>和<frame>标签来定义。框架集包含如何组织各个框架的信息，可以通过<frameset>标签来定义。框架集<frameset>标签置于<head>标签之后，以取代<body>的位置，还可以使用<noframes>标签给出框架不能被显示时的替代内容。框架集<frameset>标签中包含多个<frame>标签，用以设置框架的属性。

6．图形标签

图形的标签为<img>，其常用参数是 src 和 alt 属性，用于设置图像的位置和替换文本。src 属性给出图像文件的 URL 地址，图像可以是 JPEG 文件、GIF 文件或 PNG 文件。alt 属性给出图像的简单文本说明，这段文本在浏览器不能显示图像时显示出来，或在图像加载时间过长时先显示出来。

<img>标签不仅用于在网页中插入图像，也可以用于播放 Video for Windows 的多媒体文件（AVI 格式的文件）。若要在网页中播放多媒体文件，应在<img>标签中设置 dynsrc、start、loop、controls 和 loopdelay 属性。

例如，将影片循环播放 3 次，中间延时 250 毫秒，代码如下。

```
<img src="SAMPLE-S.GIF" dynsrc="SAMPLE-S.AVI" loop=3 loopdelay=250>
```

例如，在鼠标指针移到 AVI 播放区域之上时才开始播放"SAMPLE-S.AVI"影片，代码如下。

```
<img src="SAMPLE-S.GIF" dynsrc="SAMPLE-S.AVI" start=mouseover>
```

7．链接标签

链接标签为<a>，其常用参数有 href、target、title 等，其中 href 标记目标端点的 URL 地址，target 显示链接文件的一个窗口或框架，title 显示链接文件的标题文字。

8．表单标签

表单在 HTML 页面中起着重要作用，它是接收用户信息的主要工具。一个表单至少应该包括说明性文字、供用户填写的表格、"提交"和"重置"按钮等内容。用户填写了所需的资料之后，单击"提交"按钮，所填资料就会被通过专门的 CGI 接口传到 Web 服务器上。网页的设计者随后就能在 Web 服务器上看到用户填写的资料，从而完成了从用户到设计者的反馈。

表单中主要包括下列元素：普通按钮、单选按钮、复选框、下拉菜单、单行文本域、多行文本域、"提交"按钮、"重置"按钮。

9．滚动标签

滚动标签是<marquee>，它会对文字和图像进行滚动，形成滚动的页面效果。

10．载入网页时的背景音乐标签

载入网页时的背景音乐标签是<bgsound>，它可设定页面载入时的背景音乐。

11.3　脚本语言

脚本是一个包含源代码的文件，一次只有一行被解释或翻译成为机器语言。在脚本处理过程中，翻译每个代码行，并一次选择一行代码，直到脚本中所有代码都被处理完成。Web 应用程序经常使用客户端脚本，以及服务器端的脚本，本章讨论的是客户端脚本。

用脚本创建的应用程序有代码行数的限制，一般小于 100 行。脚本程序较小，一般用"记事本"或在 Dreamweaver CC 2018 的"代码"视图中创建、编辑。

使用脚本语言主要有两个原因，一是创建脚本比创建编译程序快，二是用户可以使用文本编辑器快速、容易地修改脚本。而要修改编译程序，必须有程序的源代码，而且修改了源代码以后，必须重新编译它，所有这些使得修改编译程序比修改脚本更加复杂而且耗时。

脚本语言主要包含接收用户数据、处理数据和显示输出结果数据 3 部分语句。计算机中最基本的操作是输入和输出，Dreamweaver CC 2018 提供了输入和输出函数。InputBox 函数是实现输入效果的函数，它会弹出一个对话框来接收浏览者输入的信息。MsgBox 函数是实现输出效果的函数，它会弹出一个对话框来显示输出信息。

有的操作要在一定条件下才能选择，这要用条件语句实现。对于需要重复选择的操作，应该使用循环语句实现。

11.4　调用 HTML 事件过程

前面已经介绍了基本的事件及其触发条件，现在讨论在代码中调用事件过程的方法。调用事件过程有 3 种方法，下面以在按钮上单击鼠标左键时弹出欢迎对话框为例介绍调用事件过程的方法。

1．通过名称调用事件过程

```
<html>
<head>
<title>事件过程调用的实例</title>
<script language=vbscript>
<!--
  sub bt1_onClick()
    msgbox "欢迎使用代码实现浏览器的动态效果！"
  end sub
-->
</script>
</head>
<body>
  <input name=bt1 type="button" value="单击这里">
</body>
</html>
```

2．通过 for/event 属性调用事件过程

```
<html>
<head>
<title>事件过程调用的实例</title>
<script language=vbscript for="bt1" event="onclick">
<!--
    msgbox "欢迎使用代码实现浏览器的动态效果！"
-->
</script>
</head>
<body>
  <input name=bt1 type="button" value="单击这里">
</body>
</html>
```

3．通过控件属性调用事件过程

```
<html>
<head>
<title>事件过程调用的实例</title>
<script language=vbscript >
<!--
   sub msg()
   msgbox "欢迎使用代码实现浏览器的动态效果！"
end sub
-->
</script>
</head>
<body>
  <input name=bt1 type="button" value="单击这里" onclick="msg">
</body>
</html>
<html>
<head>
<title>事件过程调用的实例</title>
</head>
<body>
<input name=bt1 type="button" value="单击这里" onclick='msgbox "欢迎使用代码实现浏览器的动
态效果！"' language="vbscript">
</body>
</html>
```

课后习题——土特产网页

【习题知识要点】使用"拆分"视图手动输入代码，制作禁止滚动页面及单击鼠标右键效果，如图 11-18 所示。

【素材所在位置】学习资源 > Ch11 > 素材 > 土特产网页 > index.html。

【效果所在位置】学习资源 > Ch11 > 效果 > 土特产网页 > index.html。

图 11-18

第12章 商业案例实训

本章介绍

本章的综合设计实训案例将根据网页设计项目真实情境来训练读者利用所学知识完成网页设计。通过多个网页设计项目的演练，使读者进一步牢固掌握 Dreamweaver CC 2018 的强大功能和使用技巧，并应用所学技能制作出网页设计作品。

学习目标

- 掌握利用表格进行页面布局的方法和技巧
- 掌握"CSS 设计器"面板的使用方法
- 掌握动画文件和图像文件的插入方法和应用

技能目标

- 掌握锋后游戏网页的制作方法
- 掌握滑雪运动网页的制作方法
- 掌握租房网页的制作方法
- 掌握网络营销网页的制作方法

12.1 游戏娱乐——锋后游戏网页

12.1.1 项目背景及要求

1. 客户名称

锋后游戏公司。

2. 客户需求

锋后游戏公司是全球领先的游戏互动娱乐平台、游戏玩家的网上乐园，汇集最新最热门的网络游戏、最好玩的大型游戏、玩家真实交友等服务，现推出几款新的游戏，要为其前期的宣传做准备，网站内容要求能够表现公司的特点，达到宣传效果。

3. 设计要求

（1）以浅色的背景与深色图像形成对比，突出前方的宣传主体。

（2）以观感强烈的游戏画面瞬间抓住人们的视线，让人印象深刻。

（3）整体设计整洁干净，方便人们的操作。

（4）以沉稳严谨的设计体现出公司的经营特色。

（5）设计规格为 1 600 像素（宽）×1 440 像素（高）。

12.1.2 项目素材及要点

1. 素材资源

图片素材所在位置：本书学习资源中的"Ch12 > 素材 > 锋后游戏网页 > images"。

文字素材所在位置：本书学习资源中的"Ch12 > 素材 > 锋后游戏网页 > text.txt"。

2. 作品参考

设计作品参考效果文件所在位置：本书学习资源中的"Ch12 > 效果 > 锋后游戏网页 > index.html"，效果如图 12-1 所示。

3. 制作要点

使用"页面属性"命令，修改页面边距和页面标题；使用"属性"面板，设置单元格宽度、高度及背景颜色；使用"Flash SWF"按钮，插入 Flash 动画；使用"CSS 设计器"面板，设置文字的大小、字体及行距。

图 12-1

12.1.3 制作步骤

1. 制作导航条和插入动画

（1）选择"文件 > 新建"命令，新建空白文档。选择"文件 > 保存"命令，弹出"另存为"对话框。在"保存在"下拉列表中选择当前站点目录保存路径，在"文件名"文本框中输入"index"，单击"保存"按钮，返回网页编辑窗口。

（2）选择"文件 > 页面属性"命令，弹出"页面属性"对话框，在左侧的"分类"列表中选择"外观（CSS）"选项，将"页面字体"设为"微软雅黑"，"大小"设为 14 px，"左边距""右边距""上边距"和"下边距"均设为 0 px，如图 12-2 所示。

（3）在左侧的"分类"列表中选择"标题/编码"选项，在"标题"文本框中输入"锋后游戏网页"，如图 12-3 所示，单击"确定"按钮，完成页面属性的修改。

图 12-2   图 12-3

（4）单击"插入"面板"HTML"选项卡中的"Table"按钮 ▦，在弹出的"Table"对话框中进行设置，如图 12-4 所示，单击"确定"按钮完成表格的插入。保持表格的被选中状态，在"属性"面板的"Align"下拉列表中选择"居中对齐"选项，效果如图 12-5 所示。

图 12-4   图 12-5

（5）将光标置入第 1 行单元格，在"属性"面板的"水平"下拉列表中选择"居中对齐"选项，将"高"设为 100。在该单元格中插入一个 1 行 2 列，宽为 1 200 像素的表格。

（6）将光标置入刚插入表格的第 1 列单元格，在"属性"面板的"水平"下拉列表中选择"左对齐"选项。单击"插入"面板"HTML"选项卡中的"Image"按钮 ▨，在弹出的"选择图像源文件"对话框中选择本书学习资源中的"Ch12 > 素材 > 锋后游戏网页 > images > logo.jpg"文件，单击"确定"按钮，完成图像的插入，如图 12-6 所示。

图 12-6

（7）将光标置入第 2 列单元格，在"属性"面板的"水平"下拉列表中选择"右对齐"选项。在该单元格中输入文字，如图 12-7 所示。

图 12-7

（8）选择"窗口 > CSS 设计器"命令，弹出"CSS 设计器"面板，如图 12-8 所示。单击"选择器"选项组中的"添加选择器"按钮 ✚，在"选择器"选项组中出现文本框，输入名称".dh"，按 Enter 键确认输入，如图 12-9 所示；在"属性"选项组中单击"文本"按钮 Ｔ，切换到文本属性，将"font-family"设为"微软雅黑"，"font-size"设为 16 px，如图 12-10 所示。

　　　图 12-8　　　　　　　　　图 12-9　　　　　　　　　图 12-10

（9）选中图 12-11 所示的文字，在"属性"面板的"类"下拉列表中选择"dh"选项，应用样式，效果如图 12-12 所示。

图 12-11

图 12-12

（10）将光标置入图 12-13 所示的位置，单击"插入"面板"HTML"选项卡中的"Image"按钮 ，在弹出的"选择图像源文件"对话框中选择本书学习资源中的"Ch12 > 素材 > 锋后游戏网页 > images > an.jpg"文件，单击"确定"按钮，完成图像的插入，如图 12-14 所示。

图 12-13　　　　　　　　　　图 12-14

（11）在"CSS 设计器"面板中，单击"选择器"选项组中的"添加选择器"按钮＋，在"选择器"选项组中出现文本框，输入名称".pic"，按 Enter 键确认输入，如图 12-15 所示；在"属性"选项组中单击"文本"按钮 ，切换到文本属性，将"vertical-align"设为"middle"，如图 12-16 所示；单击"布局"按钮 ，切换到布局属性，将"margin-left"和"margin-right"均设为 20 px，如图 12-17 所示。

图 12-15　　　　　　　　图 12-16　　　　　　　　图 12-17

（12）选中图 12-18 所示的图像，在"属性"面板的"类"下拉列表中选择"pic"选项，应用样式，效果如图 12-19 所示。

图 12-18　　　　　　　　　　图 12-19

（13）将光标置入主体表格的第 2 行单元格，单击"插入"面板"HTML"选项卡中的"Flash SWF"按钮 ，在弹出的"选择 SWF"对话框中选择本书学习资源中的"Ch12 > 素材 > 锋后游戏网页 > images > YXDH.swf"文件，单击"确定"按钮，完成动画的插入，效果如图 12-20 所示。

图 12-20

2. 制作内容区域

（1）将光标置入第 3 行单元格，在"属性"面板的"水平"下拉列表中选择"居中对齐"选项。在该单元格中插入一个 4 行 1 列，宽为 1 200 像素的表格。

（2）将光标置入刚插入表格的第 1 行单元格，在"属性"面板中将"高"设为 180。单击"插入"面板"HTML"选项卡中的"Image"按钮 ，在弹出的"选择图像源文件"对话框中选择本书学习资源中的"Ch12 ＞ 素材 ＞ 锋后游戏网页 ＞ images ＞ pic_1.jpg"文件，单击"确定"按钮，完成图像的插入，如图 12-21 所示。用相同的方法插入其他图像，效果如图 12-22 所示。

图 12-21

图 12-22

（3）在"CSS 设计器"面板中，单击"选择器"选项组中的"添加选择器"按钮 ，在"选择器"选项组中出现文本框，输入名称".pic_1"，按 Enter 键确认输入，如图 12-23 所示；在"属性"选项组中单击"布局"按钮 ，切换到布局属性，将"margin-left"设为 21 px，如图 12-24 所示。

图 12-23　　　　　　　　　图 12-24

（4）选中图 12-25 所示的图像，在"属性"面板的"类"下拉列表中选择"pic_1"选项，应用样式，效果如图 12-26 所示。用相同的方法为其他图像应用样式，效果如图 12-27 所示。

图 12-25

图 12-26

图 12-27

（5）将光标置入第 2 行单元格，在该单元格中插入一个 2 行 8 列，宽为 1 200 像素的表格，如图 12-28 所示。

图 12-28

（6）将光标置入刚插入表格的第 1 行第 1 列单元格，在"属性"面板中将"宽"设为 320，"高"设为 45，"背景颜色"设为灰色（#F9F9F9）。用相同的方法设置第 1 行第 2 列、第 4 列、第 5 列、第 7 列和第 8 列单元格的背景颜色为灰色，宽分别为 60、320、60、320、60，将第 1 行第 3 列和第 1 行第 6 列单元格的宽设为 30，效果如图 12-29 所示。

图 12-29

（7）选中图 12-30 所示的单元格，单击"属性"面板中的"合并所选单元格，使用跨度"按钮 ▭，将所选单元格合并，效果如图 12-31 所示。

图 12-30

图 12-31

（8）在"CSS 设计器"面板中，单击"选择器"选项组中的"添加选择器"按钮 ✚，在"选择器"选项组中出现文本框，输入名称".nbj"，按 Enter 键确认输入，如图 12-32 所示；在"属性"选项组中单击"布局"按钮 ▤，切换到布局属性，将"padding-left"设为 10 px，如图 12-33 所示。

图 12-32

图 12-33

（9）将光标置入图 12-34 所示的单元格，在"属性"面板的"水平"下拉列表中选择"左对齐"选项，在"类"下拉列表中选择"nbj"选项。在该单元格中输入文字，效果如图 12-35 所示。

（10）选中图 12-36 所示的文字，在"属性"面板的"目标规则"下拉列表中选择"<新内联样式>"选项，将"文本颜色"设为灰色（#CCCCCC），效果如图 12-37 所示。

| 图 12-34 | 图 12-35 | 图 12-36 | 图 12-37 |

（11）将光标置入图 12-38 所示的单元格，在"属性"面板的"水平"下拉列表中选择"居中对齐"选项。单击"插入"面板"HTML"选项卡中的"Image"按钮 ，在弹出的"选择图像源文件"对话框中选择本书学习资源中的"Ch12 > 素材 > 锋后游戏网页 > images > an_1.jpg"文件，单击"确定"按钮，完成图像的插入，如图 12-39 所示。

| 图 12-38 | 图 12-39 |

（12）用上述的方法分别在其他单元格中输入文字、插入图像并应用相应的样式，制作出图 12-40 所示的效果。

图 12-40

（13）锋后游戏网页制作完成，保存文档，按 F12 键，预览网页效果，如图 12-41 所示。

图 12-41

课堂练习 1——娱乐星闻网页

练习 1.1　项目背景及要求

1. 客户名称
娱乐星闻有限公司。

2. 客户需求
娱乐星闻有限公司是一家网络媒体公司，目前特推出全新的娱乐星闻网站，网站内容主要是娱乐新闻、歌曲排行以及明星的最新动态，网站要求时尚且多元化。

3. 设计要求
（1）以浅色的底图突出红色的主体图形和文字，让人一目了然。
（2）页面布局规整简洁，便于用户浏览搜索。
（3）字体的设计简洁直观，辨识度强。
（4）设计具有时代感且多元化，能迎合现代人的喜好。
（5）设计规格为 1 000 像素（宽）×1 983 像素（高）。

练习 1.2　项目素材及要点

1. 素材资源
图片素材所在位置：本书学习资源中的"Ch12 > 素材 > 娱乐星闻网页 > images"。

文字素材所在位置：本书学习资源中的"Ch12 > 素材 > 娱乐星闻网页 > text.txt"。

2. 作品参考
设计作品参考效果文件所在位置：本书学习资源中的"Ch12 > 效果 > 娱乐星闻网页 > index.html"，效果如图 12-42 所示。

图 12-42

3. 制作要点

使用"页面属性"命令，设置页面文字的字体、大小、颜色和页面边距；使用"属性"面板，设置单元格背景颜色、宽度和高度；使用"CSS 设计器"面板，设置文字的颜色、大小和行距。

课堂练习 2——综艺频道网页

练习 2.1　项目背景及要求

1. 客户名称

休闲时光娱乐有限公司。

2. 客户需求

休闲时光娱乐有限公司为打造国内前沿的休闲娱乐专业网站，特推出全新的综艺频道，要求在设计时突出休闲时光网站综艺频道的特色，以轻松愉悦为网站主题，表现出具有时代感的设计风格。

3. 设计要求

（1）围绕网站特色，使轻松愉悦的主题在网页上充分体现。

（2）页面简洁，分类明确细致，便于用户浏览搜索。

（3）网页的主题颜色以黑、白、灰搭配设计，增强网页质感。

（4）设计风格具有时代感，独特新颖。

（5）设计规格为 1 400 像素（宽）× 1 710 像素（高）。

练习 2.2　项目素材及要点

1. 素材资源

图片素材所在位置：本书学习资源中的"Ch12 > 素材 > 综艺频道网页 > images"。

文字素材所在位置：本书学习资源中的"Ch12 > 素材 > 综艺频道网页 > text.txt"。

2. 作品参考

设计作品参考效果文件所在位置：本书学习资源中的"Ch12 > 效果 > 综艺频道网页 > index.html"，效果如图 12-43 所示。

3. 制作要点

使用"页面属性"命令，设置页面文字的字体、大小、颜色和页面边距；使用"Image"按钮，插入网页中所需图像；使用"CSS 设计器"面板，设置图像与文字的对齐方式，文字大小、颜色、行距和单元格的背景图像；使用"属性"面板，设置单元格的宽度和高度。

图 12-43

课后习题 1——时尚潮流网页

习题 1.1　项目背景及要求

1. 客户名称
爱漂亮。

2. 客户需求
爱漂亮为打造国内前沿的专业时尚网站，在秋季来临之际特推出全新的时尚网站，网站内容包括时尚、美容、生活、购物、互动等，要求在设计时突出时尚潮流网页的特色，以时尚现代为网站主题，表现出具有时代感的设计风格。

3. 设计要求
（1）浅蓝绿色与人物相结合，给人清新现代的感觉。

（2）页尾采用深蓝绿色，成熟稳重，增加页面的平衡感。

（3）整体页面简洁，分类明确细致，便于用户浏览搜索。

（4）照片和文字的运用具有时代感，与宣传的主题相呼应。

（5）设计规格为 1 400 像素（宽）×1 870 像素（高）。

习题 1.2　项目素材及要点

1. 素材资源
图片素材所在位置：本书学习资源中的"Ch12 > 素材 > 时尚潮流网页 >images"。

文字素材所在位置：本书学习资源中的"Ch12 > 素材 > 时尚潮流网页 > text.txt"。

2. 作品参考
设计作品参考效果文件所在位置：本书学习资源中的"Ch12 > 效果 > 时尚潮流网页 > index.html"，效果如图 12-44 所示。

3. 制作要点
使用"页面属性"命令，设置页面字体、大小颜色和页面边距；使用"属性"面板，设置单元格背景颜色、宽度和高度；使用"CSS 设计器"面板，设置文字的颜色、大小和行距。

课后习题 2——星运奇缘网页

习题 2.1　项目背景及要求

1. 客户名称
星运奇缘。

图 12-44

2．客户需求

星运奇缘是一个专做星座推演的平台，在星座推演领域较受欢迎且较具影响力。为了更好地为星座运势爱好者服务，现在需要重新设计网页，网页的设计要符合星运奇缘网的定位，能够体现星座的魅力。

3．设计要求

（1）网站具有时尚、有活力的特色。

（2）网页的内容丰富多样，分类细致明确，能够吸引用户浏览。

（3）网页的色彩丰富，能吸引用户眼球。

（4）整体画面生动可爱，风格明确。

（5）设计规格为 1 400 像素（宽）×2 030 像素（高）。

习题 2.2　项目素材及要点

1．素材资源

图片素材所在位置：本书学习资源中的"Ch12 > 素材 > 星运奇缘网页 > images"。

文字素材所在位置：本书学习资源中的"Ch12 > 素材 > 星运奇缘网页 >text.txt"。

2．作品参考

设计作品参考效果文件所在位置：本书学习资源中的"Ch12 > 效果 > 星运奇缘网页 > index.html"，效果如图 12-45 所示。

3．制作要点

使用"页面属性"命令，设置页面文字的字体、大小、颜色和页面边距；使用"Image"按钮，插入 logo 图像；使用"CSS设计器"面板，设置单元格背景图像，文字颜色、大小和行距。

图 12-45

12.2　休闲网页——滑雪运动网页

12.2.1　项目背景及要求

1．客户名称

拉拉滑雪场。

2．客户需求

拉拉滑雪场是一家大型的专业滑雪场，雪场现有高山滑雪场地、自由式滑雪场地、跳台滑雪场地、越野滑雪场地和冬季两项滑雪场地等，形成了初、中、高级雪道相结合的雪场。目前滑雪场为提高其知名度，需要制作网站，要求网站围绕滑雪这一主题，表现滑雪运动的魅力。

3．设计要求

（1）使用大幅的滑雪运动摄影照片突出网页宣传的主体。

（2）点缀冷色调，起到丰富页面的作用，增添画面的活泼感。

（3）页面规整，内容直观，让人一目了然，印象深刻。

（4）导航栏要直观简洁，便于浏览和操作。

（5）设计规格为 1 400 像素（宽）×2 223 像素（高）。

12.2.2　项目素材及要点

1．素材资源

图片素材所在位置：本书学习资源中的"Ch12 > 素材 > 滑雪运动网页 > images"。

文字素材所在位置：本书学习资源中的"Ch12 > 素材 > 滑雪运动网页 > text.txt"。

2．作品参考

设计作品参考效果文件所在位置：本书学习资源中的"Ch12 > 效果 > 滑雪运动网页 > index.html"，效果如图 12-46 所示。

3．制作要点

使用"页面属性"命令，设置页面背景、边距和标题；使用"Table"按钮，插入表格，进行页面布局；使用"CSS 设计器"面板，设置文字大小、颜色及单元格背景图像。

图 12-46

12.2.3　制作步骤

1．制作导航部分

（1）选择"文件 > 新建"命令，新建空白文档。选择"文件 > 保存"命令，弹出"另存为"对话框。在"保存在"下拉列表中选择当前站点目录保存路径，在"文件名"文本框中输入"index"，单击"保存"按钮，返回网页编辑窗口。

（2）选择"文件 > 页面属性"命令，弹出"页面属性"对话框，在左侧的"分类"选项列表中选择"外观（CSS）"选项，将"页面字体"设为"宋体"，"大小"设为 12 px，"文本颜色"设为白色，"背景颜色"设为淡蓝色（#e5f0f6），"左边距""右边距""上边距"和"下边距"均设为 0 px，如图 12-47 所示。

（3）在左侧的"分类"选项列表中选择"标题/编码"选项，在"标题"文本框中输入"滑雪运动网页"，如图 12-48 所示，单击"确定"按钮，完成页面属性的修改。

图 12-47

图 12-48

（4）单击"插入"面板"HTML"选项卡中的"Table"按钮 ，在弹出的"Table"对话框中进行设置，如图 12-49 所示，单击"确定"按钮，完成表格的插入。保持表格的被选中状态，在"属性"面板的"Align"下拉列表中选择"居中对齐"选项，效果如图 12-50 所示。

图 12-49

图 12-50

（5）选择"窗口 >CSS 设计器"命令，弹出"CSS 设计器"面板，如图 12-51 所示。单击"选择器"选项组中的"添加选择器"按钮 ，在"选择器"选项组中出现文本框，输入名称"#bj"，按 Enter 键确认输入，如图 12-52 所示；在"属性"选项组中单击"背景"按钮 ，切换到背景属性，单击"url"选项右侧的"浏览"按钮 ，在弹出的"选择图像源文件"对话框中选择本书学习资源中的"Ch12> 素材 > 滑雪运动网页 >images >bj_1.jpg"文件，单击"确定"按钮，返回到"CSS 设计器"面板，将"background-position"设为 left、top，单击"background-repeat"选项右侧的"no-repeat"按钮 ，如图 12-53 所示。

图 12-51

图 12-52

图 12-53

（6）将光标置入第 1 行单元格，在"属性"面板的"ID"下拉列表中选择"bj"选项，在"垂直"下拉列表中选择"顶端"选项，将"高"设为 1 410，如图 12-54 所示，效果如图 12-55 所示。

图 12-54   图 12-55

（7）在该单元格中插入一个 7 行 1 列，宽为 1 000 像素的表格，并将表格设为居中对齐。将光标置入刚插入表格的第 1 行单元格，单击"属性"面板中的"拆分单元格为行或列"按钮，弹出"拆分单元格"对话框，在"把单元格拆分成"选项组中选择"列"选项，将"列数"设为 2，如图 12-56 所示，单击"确定"按钮，效果如图 12-57 所示。

图 12-56   图 12-57

（8）将光标置入第 1 行第 1 列单元格，单击"插入"面板"HTML"选项卡中的"Image"按钮，在弹出的"选择图像源文件"对话框中选择本书学习资源中的"Ch12 > 素材 > 滑雪运动网页 > images > logo.png"文件，单击"确定"按钮，完成图像的插入，效果如图 12-58 所示。

图 12-58

（9）将光标置入第 1 行第 2 列单元格，在"属性"面板的"水平"下拉列表中选择"右对齐"选项，在"垂直"下拉列表中选择"底部"选项。在单元格中插入一个 1 行 1 列，宽为 673 像素的表格，效果如图 12-59 所示。

图 12-59

（10）在"CSS 设计器"面板中，单击"选择器"选项组中的"添加选择器"按钮 ✚，在"选择器"选项组中出现文本框，输入名称"#bj_1"，按 Enter 键确认输入，如图 12-60 所示；在"属性"选项组中单击"背景"按钮 ▨，切换到背景属性，单击"url"选项右侧的"浏览"按钮 ▭，在弹出的"选择图像源文件"对话框中选择本书学习资源中的"Ch12 > 素材 > 滑雪运动网页 > images > bj_2.png"文件，单击"确定"按钮，返回到"CSS 设计器"面板，单击"background-repeat"选项右侧的"no-repeat"按钮 ▪，如图 12-61 所示。

图 12-60　　　　　　　　　　图 12-61

（11）将光标置入刚插入表格的单元格，在"属性"面板的"ID"下拉列表中选择"bj_1"选项，在"水平"下拉列表中选择"居中对齐"选项，在"垂直"下拉列表中选择"居中"选项，将"高"选项设为 55，效果如图 12-62 所示。

图 12-62

（12）单击"插入"面板"HTML"选项卡中的"鼠标经过图像"按钮 ▭，弹出"插入鼠标经过图像"对话框，单击"原始图像"选项右侧的"浏览..."按钮，弹出"原始图像"对话框，选择本书学习资源中的"Ch12 > 素材 > 滑雪运动网页 > images > img_1.jpg"文件，单击"确定"按钮，返回"插入鼠标经过图像"对话框，如图 12-63 所示。

（13）单击"鼠标经过图像"选项右侧的"浏览..."按钮，弹出"鼠标经过图像"对话框，选择本书学习资源中的"Ch12 > 素材 > 滑雪运动网页 > images > img_01.png"文件，单击"确定"按钮，返回"插入鼠标经过图像"对话框，如图 12-64 所示。

图 12-63

图 12-64

（14）单击"确定"按钮，完成图像的插入，效果如图 12-65 所示。用相同的方法制作出如图 12-66 所示的效果。

图 12-65

图 12-66

（15）将光标置入第 2 行单元格，在"属性"面板中将"高"设为 535。单击"插入"面板"HTML"选项卡中的"Image"按钮 ，在弹出的"选择图像源文件"对话框中选择本书学习资源中的"Ch12 > 素材 > 滑雪运动网页 > images > text.png"文件，单击"确定"按钮，完成图像的插入，效果如图 12-67 所示。

图 12-67

249

2．制作关于我们区域

（1）将光标置入第 3 行单元格，单击"插入"面板"HTML"选项卡中的"Image"按钮 ，在弹出的"选择图像源文件"对话框中选择本书学习资源中的"Ch12 > 素材 > 滑雪运动网页 > images > pic_1.png"文件，单击"确定"按钮，完成图像的插入，效果如图 12-68 所示。

图 12-68

（2）将光标置入第 4 行单元格，如图 12-69 所示，在"属性"面板的"水平"下拉列表中选择"居中对齐"选项，在"垂直"下拉列表中选择"底部"选项，将"高"设为 95。在单元格中输入文字"关于我们"。选中文字，在"属性"面板的"目标规则"下拉列表中选择"<新内联样式>"选项，"字体"设为"微软雅黑"，"大小"设为 36 px，"文本颜色"设为蓝绿色（#4B6C75），效果如图 12-70 所示。

图 12-69   图 12-70

（3）将光标置入第 5 行单元格，在"属性"面板的"水平"下拉列表中选择"居中对齐"选项。单击"插入"面板"HTML"选项卡中的"Image"按钮 ，在弹出的"选择图像源文件"对话框中选择本书学习资源中的"Ch12 > 素材 > 滑雪运动网页 > images > pic_2.png"文件，单击"确定"按钮，完成图像的插入，效果如图 12-71 所示。

图 12-71

（4）将光标置入第 6 行单元格，在"属性"面板中将"高"设为 100，在单元格中输入需要的文字。在"CSS 设计器"面板中，单击"选择器"选项组中的"添加选择器"按钮 ➕，在"选择器"选项组中出现文本框，输入名称".text"，按 Enter 键确认输入，如图 12-72 所示；在"属性"选项组中单击"文本"按钮 ⏁，切换到文本属性，将"color"设为蓝绿色（#576a70），"font-size"设为 14 px，"line-height"设为 25 px，"text-indent"设为 28 px，如图 12-73 所示。

图 12-72　　　　　　　　　　图 12-73

（5）选中图 12-74 所示的文字，在"属性"面板的"类"下拉列表中选择"text"选项，应用样式，效果如图 12-75 所示。

关于我们

图 12-74

关于我们

滑雪滑草场位于欣然区东3公里的方山海雅瀑布景区内，2006年3月开工建设，同年12月正式运行，是一家集冬季滑雪春秋夏滑草体育运动、休闲健身于一体乐场所。目前，滑雪滑草场拥有滑草器具500余套，滑雪器具1600多套，寄存柜800个，拥有辅助娱乐器材10余种（滑草船、卡丁车、悠波球、射箭、单板、雪圈滚、热气球等）。春夏秋可同时接纳600人体验滑草运动，冬季可同时接待1600人进行滑雪。

图 12-75

（6）将光标置入第 7 行单元格，在"属性"面板的"水平"下拉列表中选择"居中对齐"选项。单击"插入"面板"HTML"选项卡中的"Image"按钮 🖼，在弹出的"选择图像源文件"对话框中选择本书学习资源中的"Ch12 > 素材 > 滑雪运动网页 > images > pic_3.png"文件，单击"确定"按钮，完成图像的插入，效果如图 12-76 所示。

　　滑雪滑草场位于欣然区东3公里的方山海雅瀑布景区内，2006年3月开工建设，同年12月正式运行，是一家集冬季滑雪春秋夏清草体育运动、休闲健身于一体乐场所。目前，滑雪滑草场拥有滑草器具500余套，滑雪器具1600多套，寄存柜800个，拥有辅助娱乐器材10会种（滑草船、卡丁车、悠波球、射箭、单板、雪圈碟、热气球等）。春夏秋可同时接纳600人体验滑草运动，冬季可同时接待1600人进行滑雪。

了解更多 >>

图 12-76

3. 制作新闻中心区域和底部区域

（1）在"CSS 设计器"面板中，单击"选择器"选项组中的"添加选择器"按钮 **+**，在"选择器"选项组中出现文本框，输入名称"#bj_2"，按 Enter 键确认输入，如图 12-77 所示；在"属性"选项组中单击"背景"按钮，切换到背景属性，单击"url"选项右侧的"浏览"按钮，在弹出的"选择图像源文件"对话框中选择本书学习资源中的"Ch12 > 素材 > 滑雪运动网页 > images > bj_3.png"文件，单击"确定"按钮，返回到"CSS 设计器"面板，单击"background-repeat"选项右侧的"no-repeat"按钮，如图 12-78 所示。

图 12-77　　　　　　图 12-78

（2）将光标置入主体表格的第 2 行单元格，在"属性"面板的"ID"下拉列表中选择"bj_2"选项，在"垂直"下拉列表中选择"顶端"选项，"高"设为 370。在该单元格中插入一个 3 行 1 列，宽为 1 000 像素的表格，并将其设为居中对齐，效果如图 12-79 所示。

图 12-79

（3）将光标置入刚插入表格的第 1 行单元格，在"属性"面板的"目标规则"下拉列表中选择"<新内联样式>"选项，在"水平"下拉列表中选择"居中对齐"选项，"高"设为 80，"字体"设为"微软雅黑"，"大小"设为 36 px。在该单元格中输入文字，效果如图 12-80 所示。

（4）将光标置入第 2 行单元格，在"属性"面板的"垂直"下拉列表中选择"顶端"选项，将"高"设为 140。单击"插入"面板"HTML"选项卡中的"Image"按钮 ，在弹出的"选择图像源文件"对话框中选择本书学习资源中的"Ch12 > 素材 > 滑雪运动网页 > images > sj_1.png"文件，单击"确定"按钮，完成图像的插入，效果如图 12-81 所示。

图 12-80　　　　　　　　　　　　　　　　　图 12-81

（5）保持图像的被选中状态，按 Shift+Enter 组合键，将光标切换到下一行，输入文字，效果如图 12-82 所示。

图 12-82

（6）在"CSS 设计器"面板中，单击"选择器"选项组中的"添加选择器"按钮 ，在"选择器"选项组中出现文本框，输入名称".text_2"，按 Enter 键确认输入，如图 12-83 所示；在"属性"选项组中单击"文本"按钮 ，切换到文本属性，将"line-height"设为 25 px，如图 12-84 所示。

（7）单击"选择器"选项组中的"添加选择器"按钮 ，在"选择器"选项组中出现文本框，输入名称".text_3"，按 Enter 键确认输入，如图 12-85 所示；在"属性"选项组中单击"文本"按钮 ，切换到文本属性，将"font-weight"设为"bold"，"font-size"设为 14 px，"line-height"设为 25 px，如图 12-86 所示。

图 12-83　　　　　　　　图 12-84　　　　　　　　图 12-85　　　　　　　　图 12-86

（8）选中图 12-87 所示的文字，在"属性"面板的"类"下拉列表中选择"text_2"选项，应用样式，效果如图 12-88 所示。选中图 12-89 所示的文字，在"属性"面板"类"选项的下拉列表中选择"text_3"选项，应用样式，效果如图 12-90 所示。

图 12-87

图 12-88

图 12-89

图 12-90

（9）用上述的方法在第 3 行单元格中插入图像、输入文字，并为文字应用相应的样式，制作出图 12-91 所示的效果。

图 12-91

（10）将光标置入主体表格第 3 行单元格，在"属性"面板的"水平"下拉列表中选择"居中对齐"选项，将"高"设为 330。单击"插入"面板"HTML"选项卡中的"Image"按钮 ，在弹出的"选择图像源文件"对话框中选择本书学习资源中的"Ch12 > 素材 > 滑雪运动网页 > images > pic_4.png"文件，单击"确定"按钮，完成图像的插入，效果如图 12-92 所示。

图 12-92

（11）将光标置入主体表格第 4 行单元格，在"属性"面板的"类"下拉列表中选择"text_2"选项，在"水平"下拉列表中选择"居中对齐"选项，将"高"设为 120，"背景颜色"设为青绿色（#0077A2）。在该单元格中输入文字，效果如图 12-93 所示。

图 12-93

（12）滑雪运动网页制作完成，保存文档，按 F12 键，预览网页效果，如图 12-94 所示。

图 12-94

课堂练习1——瑜伽休闲网页

练习 1.1　项目背景及要求

1．客户名称

健身瑜伽馆。

2．客户需求

健身瑜伽馆是一家设施齐全、教学项目全面并且配有业界的专业教练进行指导教学的专业瑜伽馆。瑜伽馆氛围良好，客户的身心能够得到很好的锻炼，目前瑜伽馆为提高其知名度，需要制作瑜伽馆网站，网页要求能够达到宣传效果。

3．设计要求

（1）以照片宣传为主，突出网页的特色。

（2）网站的色彩以粉红为主，能让人感到雅致轻松。

（3）图形的运用柔美舒适，突出宣传的主题，达到宣传目的。

（4）整体画面搭配合理，舒适简洁，能拉近与人们的距离。

（5）设计规格为 1 600 像素（宽）×1 535 像素（高）。

练习 1.2　项目素材及要点

1．素材资源

图片素材所在位置：本书学习资源中的"Ch12 > 素材 > 瑜伽休闲网页 > images"。

文字素材所在位置：本书学习资源中的"Ch12 > 素材 > 瑜伽休闲网页 > text.txt"。

2．作品参考

设计作品参考效果文件所在位置：本书学习资源中的"Ch12 > 效果 > 瑜伽休闲网页 > index.html"，效果如图 12-95 所示。

3．制作要点

使用"页面属性"命令，改变背景颜色，页面文字大小、颜色，页边距和页面标题；使用"属性"面板，改变单元格的高度、宽度、对齐方式及背景颜色；使用"CSS 设计器"面板，设置单元格背景图像，文字的颜色、大小及行距。

课堂练习2——休闲生活网页

练习 2.1　项目背景及要求

1．客户名称

休闲生活。

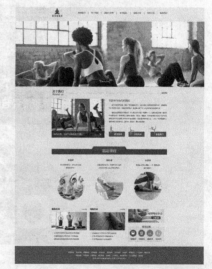

图 12-95

2．客户需求

休闲生活是一个提倡轻生活的概念网站。现代人的生活，无论是心理世界还是外部世界，皆充斥着过多的负担与累赘，休闲生活讲究的是一种丢掉的观念，放慢脚步，放松自己。公司目前想要更新网站，以创意生活、健康美食、休闲生活为主体，要求网站内容明确，以休闲生活为主题，设计时要抓住重点，明确主题。

3．设计要求

（1）网页以休闲生活为主题。

（2）网页要时尚、简洁、大方，体现网站的特点。

（3）网页图文搭配合理，符合大众审美。

（4）网页以浅色调为主，体现出休闲生活轻松舒适的氛围。

（5）设计规格为 1 400 像素（宽）×1 570 像素（高）。

练习 2.2　项目素材及要点

1．素材资源

图片素材所在位置：本书学习资源中的"Ch12 > 素材 > 休闲生活网页 > images"。

文字素材所在位置：本书学习资源中的"Ch12 > 素材 > 休闲生活网页 > text.txt"。

2．作品参考

设计作品参考效果文件所在位置：本书学习资源中的"Ch12 > 效果 > 休闲生活网页 > index.html"，效果如图 12-96 所示。

3．制作要点

使用"页面属性"命令，改变页面文字的字体、大小、颜色、背景颜色和页边距；使用"Image"按钮，插入图像；使用"CSS 设计器"面板，设置单元格背景、文字颜色和行距；使用"属性"面板，改变单元格的背景颜色、高度和宽度。

图 12-96

课后习题 1——户外运动网页

习题 1.1　项目背景及要求

1．客户名称

WAM 享运户外俱乐部。

2．客户需求

WAM 享运户外俱乐部是一个大型的户外运动俱乐部，开展极限运动、自行车、摩托车、汽车、攀登、滑雪、水上运动、探险等项目。现为提高其知名度，需要制作网站，要求网站围绕户外运动这一主题，表现出拥抱自然，挑战自我的运动精神与魅力。

3. 设计要求

（1）网页背景使用运动场地摄影照片，突出网页宣传的主题和经营理念。

（2）运用大量运动图片，让人一目了然，印象深刻。

（3）网页内容简洁直观，便于浏览，能够达到宣传效果。

（4）以图片宣传为主，文字介绍为辅，不喧宾夺主，利于宣传。

（5）设计规格为 1 600 像素（宽）×1 705 像素（高）。

习题 1.2　项目素材及要点

1. 素材资源

图片素材所在位置：本书学习资源中的"Ch12＞素材＞户外运动网页＞images"。

文字素材所在位置：本书学习资源中的"Ch12＞素材＞户外运动网页/text.txt"。

2. 作品参考

设计作品参考效果文件所在位置：本书学习资源中的"Ch12＞效果＞户外运动网页＞

index.html"，效果如图 12-97 所示。

3. 制作要点

使用"Table"按钮，插入表格，进行网页布局；

使用"CSS 设计器"面板，设置表格、单元格的背景

图像和边线；使用"属性"面板，改变文字的颜色、

大小和字体，设置单元格的高度和图像的边距。

图 12-97

课后习题 2——橄榄球运动网页

习题 2.1　项目背景及要求

1. 客户名称

VBFE 橄榄球网站。

2. 客户需求

VBFE 是一家著名的网络公司，公司目前想要推出一个以橄榄球为主要内容的网站，集报道橄榄球最新相关资讯、转播橄榄球赛事以及销售相关产品为一体，要求网站内容明确，以橄榄球为主题，设计时要抓住重点，明确主题。

3. 设计要求

（1）网页以表现橄榄球运动的活力与激情为主。

（2）网页要时尚、简洁、大方，体现网站的质感。

（3）网页图文搭配合理，符合大众审美。

（4）色彩使用红色，体现橄榄球运动的热情与活力。

（5）设计规格为 1 600 像素（宽）×1 700 像素（高）。

习题 2.2   项目素材及要点

1. 素材资源

图片素材所在位置：本书学习资源中的"Ch12 >
素材 > 橄榄球运动网页 > images"。

文字素材所在位置：本书学习资源中的"Ch12 >
素材 > 橄榄球运动网页 > text.txt"。

2. 作品参考

设计作品参考效果文件所在位置：本书学习资源
中 的 " Ch12 > 效 果 > 橄榄球运动网页 >
index.html"，效果如图 12-98 所示。

3. 制作要点

使用"页面属性"命令，改变页面文字的字体、

图 12-98

大小、颜色，背景颜色和页边距；使用"Image"按钮，插入图像；使用"CSS 设计器"面板，设置
单元格背景、文字颜色和行距；使用"属性"面板，改变单元格的背景颜色、高度和宽度。

12.3   房产网页——租房网页

12.3.1   项目背景及要求

1. 客户名称

焦点房产有限责任公司。

2. 客户需求

焦点房产是一家经营房地产开发、物业管理、房屋租售等业务的房地产公司。公司为迎合市场需
求，提高知名度，需要制作租房网站，网站要求温馨舒适，并且细致精美，体现企业的高端品质。

3. 设计要求

（1）网页温馨时尚，舒适大方。

（2）使用浅色背景，突出画面主体。

（3）围绕房屋租赁的特色进行设计，分类明确细致。

（4）整体风格沉稳大气，表现出企业的文化内涵。

（5）设计规格为 1 400 像素（宽）×2 330 像素（高）。

12.3.2   项目素材及要点

1. 素材资源

图片素材所在位置：本书学习资源中的"Ch12 > 素材 > 租房网页 > images"。

文字素材所在位置：本书学习资源中的"Ch12 > 素材 > 租房网页 > text.txt"。

2．作品参考

设计作品参考效果文件所在位置：本书学习资源中的"Ch12 > 效果 > 租房网页 > index.html"，效果如图 12-99 所示。

3．制作要点

使用"页面属性"命令，设置页面文字的字体、大小、颜色，页面边距及页面标题；使用"Table"按钮，插入表格，进行页面布局；使用"Image"按钮，插入图像，添加网页标志和广告条；使用"CSS 设计器"面板，设置表格边线和单元格背景，设置文字颜色、大小及文字行距，设置图像与文字的对齐方式及边距；使用"属性"面板，设置单元格的宽度及高度。

图 12-99

12.3.3　制作步骤

1．制作导航条

（1）选择"文件 > 新建"命令，新建空白文档。选择"文件 > 保存"命令，弹出"另存为"对话框，在"保存在"下拉列表中选择当前站点目录保存路径；在"文件名"文本框中输入"index"，单击"保存"按钮，返回网页编辑窗口。

（2）选择"文件 > 页面属性"命令，弹出"页面属性"对话框，在左侧的"分类"选项列表中选择"外观（CSS）"选项，将"大小"设为 12 px，"文本颜色"设为深灰色（#646464），"左边距""右边距""上边距"和"下边距"均设为 0 px，如图 12-100 所示。

（3）在左侧的"分类"选项列表中选择"标题/编码"选项，在"标题"文本框中输入"租房网页"，如图 12-101 所示。单击"确定"按钮，完成页面属性的修改。

图 12-100　　　　　　　　　　　　　　　　　　　图 12-101

（4）单击"插入"面板"HTML"选项卡中的"Table"按钮，在弹出的"Table"对话框中进行设置，如图 12-102 所示。单击"确定"按钮，完成表格的插入。保持表格的被选中状态，在"属性"面板的"Align"下拉列表中选择"居中对齐"选项，效果如图 12-103 所示。

图 12-102　　　　　　　　　　　　　　　　　　　　图 12-103

（5）将光标置入第 1 行单元格，在"属性"面板的"水平"下拉列表中选择"居中对齐"选项，将"高"设为 70。在单元格中插入一个 1 行 3 列，宽为 960 像素的表格。将光标置入刚插入表格的第 1 列单元格，在"属性"面板中将"宽"设为 85。

（6）单击"插入"面板"HTML"选项卡中的"Image"按钮 ，在弹出的"选择图像源文件"对话框中选择本书学习资源中的"Ch12 > 素材 > 租房网页 > images > logo.jpg"文件，单击"确定"按钮，完成图像的插入，如图 12-104 所示。将光标置入第 2 列单元格，输入文字和空格，效果如图 12-105 所示。

图 12-104　　　　　　　　　　　　　　　　　　　　图 12-105

（7）选择"窗口 > CSS 设计器"命令，弹出"CSS 设计器"面板，如图 12-106 所示。单击"选择器"选项组中的"添加选择器"按钮 ，在"选择器"选项组中出现文本框，输入名称".dh"，按 Enter 键确认输入，如图 12-107 所示；在"属性"选项组中单击"文本"按钮 ，切换到文本属性，将"font-size"设为 14 px，如图 12-108 所示。

图 12-106　　　　　　　　　　图 12-107　　　　　　　　　　图 12-108

（8）选中图 12-109 所示的文字，在"属性"面板的"类"下拉列表中选择"dh"选项，应用样式，效果如图 12-110 所示。

图 12-109　　　　　　　　　　　　图 12-110

（9）将光标置于文字"北京"的右侧，如图 12-111 所示。单击"插入"面板"HTML"选项卡中的"Image"按钮 ，在弹出的"选择图像源文件"对话框中选择本书学习资源中的"Ch12 > 素材 > 租房网页 > images > dsj.png"文件，单击"确定"按钮，完成图像的插入，如图 12-112 所示。

图 12-111　　　　　　　　　图 12-112

（10）将光标置入第 3 列单元格，在"属性"面板的"水平"下拉列表中选择"右对齐"选项。在单元格中输入文字，如图 12-113 所示。

图 12-113

（11）在"CSS 设计器"面板中，单击"选择器"选项组中的"添加选择器"按钮 ，在"选择器"选项组中出现文本框，输入名称".pic"，按 Enter 键确认输入，如图 12-114 所示；在"属性"选项组中单击"文本"按钮 ，切换到文本属性，将"vertical-align"设为"middle"，如图 12-115 所示。单击"布局"按钮 ，切换到布局属性，将"padding-right"设为 10 px，如图 12-116 所示。

图 12-114　　　　　　　　图 12-115　　　　　　　　图 12-116

（12）将本书学习资源"Ch12 > 素材 > 租房网页 > images"文件夹中的"tb_1.png""tb_2.png"和"tb_3.png"文件分别插入相应的位置，并应用"pic"样式，效果如图 12-117 所示。

图 12-117

（13）将光标置入主体表格第 2 行单元格，单击"插入"面板"HTML"选项卡中的"Image"按钮 ，在弹出的"选择图像源文件"对话框中选择本书学习资源中的"Ch12 > 素材 > 租房网页 > images > top.jpg"文件，单击"确定"按钮，完成图像的插入，如图 12-118 所示。

图 12-118

2. 制作分类介绍区域

（1）将光标置入主体表格的第 3 行单元格，在"属性"面板的"水平"下拉列表中选择"居中对齐"选项，将"高"设为 350。插入一个 2 行 5 列，宽为 885 像素的表格，如图 12-119 所示。选中图 12-120 所示的单元格，在"属性"面板的"水平"下拉列表中选择"居中对齐"选项。

图 12-119

图 12-120

（2）将光标置入刚插入表格的第 1 行第 2 列单元格，在"属性"面板中将"宽"设为 60。用相同的方法设置第 4 列单元格的宽度。将光标置入第 1 行第 1 列单元格，在"属性"面板中将"高"设为 180。单击"插入"面板"HTML"选项卡中的"Image"按钮 ，在弹出的"选择图像源文件"对话框中选择本书学习资源中的"Ch12 > 素材 > 租房网页 > images > tb_4.png"文件，单击"确定"按钮，完成图像的插入，如图 12-121 所示。

图 12-121

（3）用相同的方法分别将本书学习资源"Ch12 > 素材 > 租房网页 > images"文件夹中的"tb_5.png"和"tb_6.png"文件插入相应的单元格，如图 12-122 所示。

图 12-122

（4）在"CSS 设计器"面板中，单击"选择器"选项组中的"添加选择器"按钮 ，在"选择器"选项组中出现文本框，输入名称".bt"，按 Enter 键确认输入，如图 12-123 所示；在"属性"选项组中单击"文本"按钮，切换到文本属性，将"color"设为深灰色（#323232），"font-family"设为"微软雅黑"，"font-size"设为 20 px，如图 12-124 所示。

（5）单击"选择器"选项组中的"添加选择器"按钮 ，在"选择器"选项组中出现文本框，输入名称".text"，按 Enter 键确认输入，如图 12-125 所示；在"属性"选项组中单击"文本"按钮，切换到文本属性，将"line-height"设为 25 px，如图 12-126 所示。

图 12-123　　　　　　　图 12-124　　　　　　　图 12-125　　　　　　　图 12-126

（6）将光标置入第 2 行第 1 列单元格，在该单元格中输入文字，如图 12-127 所示。选中如图 12-128 所示的文字，在"属性"面板的"类"下拉列表中选择"bt"选项，应用样式，效果如图 12-129 所示。

图 12-127　　　　　　　　图 12-128　　　　　　　　图 12-129

（7）选中图 12-130 所示的文字，在"属性"面板的"类"下拉列表中选择"text"选项，应用样式，效果如图 12-131 所示。用上述的方法在其他单元格中输入文字，并应用相应的样式，制作出图 12-132 所示的效果。

图 12-130　　　　　　图 12-131　　　　　　　　　图 12-132

3．制作精选房源区域

（1）将光标置入主体表格的第 4 行单元格，在"属性"面板的"水平"下拉列表中选择"居中对齐"选项，在"垂直"下拉列表中选择"顶端"选项，将"高"设为 700。在该单元格中插入一个 4 行 5 列，宽为 1 000 像素的表格，如图 12-133 所示。

100%真房源	5层验真工序	一对一专属服务
小区真、图片真	房源采集、实地验房	经纪人全程
价格真、业主真、状态真	现场拍照、调价跟踪、出租跟踪	陪看、签约及物业交割

图 12-133

（2）选中刚插入表格的第 1 行所有单元格，如图 12-134 所示，单击"属性"面板中的"合并所选单元格，使用跨度"按钮，将选中的单元格合并，效果如图 12-135 所示。单击"插入"面板"HTML"选项卡中的"Image"按钮 ，在弹出的"选择图像源文件"对话框中选择本书学习资源中的"Ch12 > 素材 > 租房网页 > images > bt.jpg"文件，单击"确定"按钮，完成图像的插入，如图 12-136 所示。

价格真、业主真、状态真	现场拍照、调价跟踪、出租跟踪	陪看、签约及物业交割

图 12-134

价格真、业主真、状态真	现场拍照、调价跟踪、出租跟踪	陪看、签约及物业交割

图 12-135

今日精选房源

图 12-136

（3）在"CSS 设计器"面板中，单击"选择器"选项组中的"添加选择器"按钮 ，在"选择器"选项组中出现文本框，输入名称".bj"，按 Enter 键确认输入，如图 12-137 所示；在"属性"选项组中单击"背景"按钮，切换到背景属性，单击"url"选项右侧的"浏览"按钮，在弹出的"选择图像源文件"对话框中选择本书学习资源中的"Ch12 > 素材 > 租房网页 > images > bj.jpg"文件，单击"确定"按钮，返回到"CSS 设计器"面板，单击"background-repeat"选项右侧的"repeat-x"按钮，如图 12-138 所示。

（4）将光标置入第 2 行第 1 列单元格，在"属性"面板的"类"下拉列表中选择"bj"选项，在"水平"下拉列表中选择"居中对齐"

图 12-137　　　　图 12-138

选项，将"宽"设为 329，"高"设为 280。在该单元格中插入一个 3 行 2 列，宽为 308 像素的表格，如图 12-139 所示。

图 12-139

（5）选中刚插入表格的第 1 行所有单元格，如图 12-140 所示，单击"属性"面板中的"合并所选单元格，使用跨度"按钮 □，将选中的单元格合并，效果如图 12-141 所示。单击"插入"面板"HTML"选项卡中的"Image"按钮 ☑，在弹出的"选择图像源文件"对话框中选择本书学习资源中的"Ch12 > 素材 > 租房网页 > images > img_1.jpg"文件，单击"确定"按钮，完成图像的插入，如图 12-142 所示。

图 12-140

图 12-141

图 12-142

（6）在"CSS 设计器"面板中，单击"选择器"选项组中的"添加选择器"按钮 ✚，在"选择器"选项组中出现文本框，输入名称".bt01"，按 Enter 键确认输入，如图 12-143 所示；在"属性"选项组中单击"文本"按钮 Ⓣ，切换到文本属性，将"font-family"设为"宋体"，"font-weight"设为"bold"，"font-size"设为 14 px，如图 12-144 所示。

（7）单击"选择器"选项组中的"添加选择器"按钮 ✚，在"选择器"选项组中出现文本框，输入名称".red"，按 Enter 键确认输入，如图 12-145 所示；在"属性"选项组中单击"文本"按钮 Ⓣ，切换到文本属性，将"color"设为红色（#F3102B），"font-size"设为 14 px，如图 12-146 所示。

图 12-143   图 12-144   图 12-145   图 12-146

（8）将光标置入图 12-147 所示的单元格，在"属性"面板的"类"下拉列表中选择"bt01"选项，将"宽"设为 186，"高"设为 30。在单元格中输入文字，效果如图 12-148 所示。将光标置入第 3 行第 1 列单元格，输入文字，如图 12-149 所示。

（9）将光标置入第 3 行第 2 列单元格，在"属性"面板的"类"下拉列表中选择"red"选项，在"水平"下拉列表中选择"右对齐"选项，将"宽"设为 122。在该单元格中输入文字，效果如图 12-150 所示。

图 12-147   图 12-148   图 12-149   图 12-150

（10）用相同的方法在其他单元格中插入表格、图像，输入文字，并应用相应的样式，制作出图 12-151 所示的效果。

图 12-151

4．制作底部效果

（1）在"CSS 设计器"面板中，单击"选择器"选项组中的"添加选择器"按钮 **+**，在"选择器"选项组中出现文本框，输入名称".bj01"，按 Enter 键确认输入，如图 12-152 所示；在"属性"选项组中单击"背景"按钮，切换到背景属性，单击"url"选项右侧的"浏览"按钮，在弹出的"选择图像源文件"对话框中选择本书学习资源中的"Ch12 > 素材 > 租房网页 > images > bj_1.jpg"文件，单击"确定"按钮，返回到"CSS 设计器"面板，单击"background-repeat"选项右侧的"no-repeat"按钮，如图 12-153 所示。

图 12-152　　　　　　　　图 12-153

（2）将光标置入主体表格的第 5 行单元格，在"属性"面板的"水平"下拉列表中选择"居中对齐"选项，在"垂直"下拉列表中选择"顶端"选项，在"类"下拉列表中选择"bj01"选项，将"高"设为 773，效果如图 12-154 所示。

图 12-154

（3）在该单元格中插入一个 4 行 1 列，宽为 1 000 像素的表格，如图 12-155 所示。将光标置入刚插入表格的第 1 行单元格，在"属性"面板中将"高"设为 400。单击"插入"面板"HTML"选项卡中的"Image"按钮，在弹出的"选择图像源文件"对话框中选择本书学习资源中的"Ch12 > 素材 > 租房网页 > images > text.png"文件，单击"确定"按钮，完成图像的插入，如图 12-156 所示。

图 12-155

图 12-156

（4）在"CSS 设计器"面板中，单击"选择器"选项组中的"添加选择器"按钮 ✚，在"选择器"选项组中出现文本框，输入名称".bk"，按 Enter 键确认输入，如图 12-157 所示；在"属性"选项组中单击"边框"按钮 🔲，切换到边框属性，单击"border"选项下方的"底部"按钮 🔲，如图 12-158 所示，将"width"设为 1 px，"style"设为"solid"，"color"设为灰色（#CCCCCC），如图 12-159 所示；单击"文本"按钮 🔲，切换到文本属性，将"color"设为白色，如图 12-160 所示。

图 12-157   图 12-158   图 12-159   图 12-160

（5）将光标置入第 2 行单元格，在"属性"面板中将"高"设为 180。将光标置入第 3 行单元格，在"属性"面板的"水平"下拉列表中选择"居中对齐"选项，在"类"下拉列表中选择"bk"选项，将"高"设为 60。在该单元格中输入文字，效果如图 12-161 所示。

图 12-161

（6）在"CSS 设计器"面板中，单击"选择器"选项组中的"添加选择器"按钮 +，在"选择器"选项组中出现文本框，输入名称".text01"，按 Enter 键确认输入，如图 12-162 所示；在"属性"选项组中单击"文本"按钮 T，切换到文本属性，将"color"设为白色，"line-height"设为 25 px，如图 12-163 所示。

图 12-162　　　　　　　　图 12-163

（7）将光标置入第 4 行单元格，在"属性"面板的"水平"下拉列表中选择"居中对齐"选项，在"类"下拉列表中选择"text01"选项，将"高"设为 70。在单元格中输入文字，效果如图 12-164 所示。

图 12-164

（8）租房网页制作完成，保存文档，按 F12 键，预览网页效果，如图 12-165 所示。

课堂练习1——短租房网页

练习1.1 项目背景及要求

图 12-165

1. 客户名称

短租房。

2. 客户需求

短租房是一家经营房屋短租业务的房地产中介公司。公司为迎合市场需求，扩大知名度，需

要制作短租房网站，网站要求温馨舒适，并且细致精美，体现出简单舒适的特点。

3. 设计要求

（1）网页要求温馨时尚，舒适大方。

（2）使用浅色背景，突出画面主体。

（3）围绕房屋短租的特色进行设计，分类明确细致。

（4）整体风格沉稳大气，表现出企业的文化内涵。

（5）设计规格为 1 400 像素（宽）× 2 125 像素（高）。

练习1.2 项目素材及要点

1. 素材资源

图片素材所在位置：本书学习资源中的"Ch12 > 素材 > 短租房网页 > images"。

文字素材所在位置：本书学习资源中的"Ch12 > 素材 > 短租房网页 > text.txt"。

2. 作品参考

设计作品参考效果文件所在位置：本书学习资源中的"Ch12 > 效果 > 短租房网页 > index.html"，效果如图 12-166 所示。

3. 制作要点

使用"页面属性"命令，设置页面文字的字体、大小、颜色、页面边距及页面标题；使用"Table"按钮，插入表格，进行页面布局；使用"Image"按钮，插入图像，添加网页标志和广告条；使用"CSS 设计器"面板，设置文字颜色、大小及文字行距，设置图像与文字的对齐方式及边距；使用"属性"面板，设置单元格的宽度及高度。

图 12-166

课堂练习 2——精品房产网页

练习 2.1 项目背景及要求

1. 客户名称
精品房产网。

2. 客户需求
精品房产网是一个提供优质的商业地产、旅游地产、海外地产信息和地产资讯等的房产资讯平台，为所有房产提供全面的信息及业主论坛等内容，目前网站要更新内容，要重新设计网页，要求画面饱满，时尚而庄重。

3. 设计要求
（1）用接近黑色的底图营造出庄重的氛围，给人低调的华贵感。

（2）信息内容简洁而全面，并传达出公司的品质与理念。

（3）网页现代大气，图文编排合理并且具有特色。

（4）以真实直观的方式向浏览者传达信息内容。

（5）设计规格为 1 400 像素（宽）× 1 010 像素（高）。

练习 2.2 项目素材及要点

1. 素材资源
图片素材所在位置：本书学习资源中的"Ch12 > 素材 > 精品房产网页 > images"。

文字素材所在位置：本书学习资源中的"Ch12 > 素材 > 精品房产网页 > text.txt"。

2. 作品参考
设计作品参考效果文件所在位置：本书学习资源中的"Ch12 > 效果 > 精品房产网页 > index.html"，效果如图 12-167 所示。

3. 制作要点
使用"Table"按钮，插入表格，进行页面布局；使用"Image"按钮，插入图像；使用"项目列表"按钮和"CSS 设计器"面板，制作导航条，设置单元格的背景图像和文字的颜色、大小及行距。

课后习题 1——热门房产网页

习题 1.1 项目背景及要求

1. 客户名称
热门房产网。

图 12-167

2．客户需求

热门房产网是一个提供热门的房产交易信息、房屋装修信息和房产百科信息的资讯平台。现要求为网站制作首页。要求简洁大方，能体现企业的勃勃生机。

3．设计要求

（1）网页简洁大气，给人生机勃勃的印象。

（2）网页运用规整的画面，展现企业严谨的工作态度。

（3）围绕房产的特色进行设计，分类明确细致。

（4）要求融入一些楼盘评测信息，展现企业的文化内涵。

（5）设计规格为 1 400 像素（宽）×1 588 像素（高）。

习题 1.2　项目素材及要点

1．素材资源

图片素材所在位置：本书学习资源中的"Ch12 > 素材 > 热门房产网页 > images"。

文字素材所在位置：本书学习资源中的"Ch12 > 素材 > 热门房产网页 > text.txt"。

2．作品参考

设计作品参考效果文件所在位置：本书学习资源中的"Ch12 > 效果 > 热门房产网页 > index.html"，效果如图 12-168 所示。

3．制作要点

使用"Table"按钮，插入表格，进行页面布局；使用"Image"按钮，插入图像；使用"ID"标记，创建ID 超链接；使用"CSS 设计器"面板，设置单元格的背景图像和文字的颜色大小。

图 12-168

课后习题 2——二手房网页

习题 2.1　项目背景及要求

1．客户名称

二手房买卖网。

2．客户需求

二手房买卖网专为广大网友提供全面、及时的房地产新闻资讯，为所有楼盘提供齐全的信息及业主论坛，是房地产媒体及业内外网友公认的专业网站和房地产信息库。现网站要进行改版，要求设计体现行业特色。

3．设计要求

（1）网页内容丰富，体现网站信息的多样化。

（2）由于网站的内容多样，要求排版舒适合理。

（3）色彩搭配干净清爽，能够很好地衬托网站主体内容。

（4）图文穿插合理，使整个页面看起来整齐有序。

（5）设计规格为 1 400 像素（宽）×1 470 像素（高）。

习题 2.2　项目素材及要点

1．素材资源

图片素材所在位置：本书学习资源中的"Ch12 > 素材 > 二手房网页 > images"。

文字素材所在位置：本书学习资源中的"Ch12 > 素材 > 二手房网页 > text.txt"。

2．作品参考

设计作品参考效果文件所在位置：本书学习资源中的"Ch12 > 效果 > 二手房网页 > index.html"，效果如图 12-169 所示。

3．制作要点

使用"页面属性"命令，设置页面文字的字体、大小、颜色，边距和标题；使用"Image"按钮，插入装饰性图片；使用"属性"面板，设置单元格高度和对齐方式；使用"CSS 设计器"面板，设置单元格的背景图像和文字大小、颜色及行距。

图 12-169

12.4　电子商务——网络营销网页

12.4.1　项目背景及要求

1．客户名称

网络营销专家网。

2．客户需求

网络营销专家网是一个系统营销、集中推广、多样传播，实现品牌与顾客之间精准沟通的网站，为了提高网站知名度，需要重新设计网站，要求内容分类明确，主体突出。

3．设计要求

（1）网页简洁，内容明确。

（2）网页图文搭配合理，信息排列合理。

（3）网页内容分类明确细致，便于浏览网站。

（4）色彩使用橙色，整体清晰大方。

（5）设计规格为 1 400 像素（宽）×1 300 像素（高）。

12.4.2　项目素材及要点

1．素材资源

图片素材所在位置：本书学习资源中的"Ch12 > 素材 > 网络营销网页 > images"。

文字素材所在位置：本书学习资源中的"Ch12 > 素材 > 网络营销网页 > text.txt"。

2．作品参考

设计作品参考效果文件所在位置：本书学习资源中的"Ch12 > 效果 > 网络营销网页 > index.html"，效果如图 12-170 所示。

3．制作要点

使用"页面属性"命令，设置页面文字的字体、大小、颜色，页面边距及页面标题；使用"Image"按钮，制作网页 logo 和导航条；使用"属性"面板设置单元格的宽度、高度及对齐方式；使用"CSS 设计器"面板，设置文字的大小、颜色及行距。

图 12-170

12.4.3 制作步骤

1．制作导航条

（1）选择"文件 > 新建"命令，新建空白文档。选择"文件 > 保存"命令，弹出"另存为"对话框，在"保存在"下拉列表中选择当前站点目录保存路径；在"文件名"文本框中输入"index"，单击"保存"按钮，返回网页编辑窗口。

（2）选择"文件 > 页面属性"命令，弹出"页面属性"对话框，在左侧的"分类"选项列表中选择"外观（CSS）"选项，将"大小"设为 12 px，"文本颜色"设为深灰色（#646464），"左边距""右边距""上边距"和"下边距"均设为 0 px，如图 12-171 所示。

（3）在左侧的"分类"选项列表中选择"标题/编码"选项，在"标题"文本框中输入"网络营销网页"，如图 12-172 所示，单击"确定"按钮，完成页面属性的修改。

图 12-171　　　　　　　　　　　　　　　　　图 12-172

（4）单击"插入"面板"HTML"选项卡中的"Table"按钮 ▦ ，在弹出的"Table"对话框中进行设置，如图 12-173 所示，单击"确定"按钮，完成表格的插入。保持表格的被选中状态，在"属性"面板的"Align"下拉列表中选择"居中对齐"选项。

（5）将光标置入第 1 行单元格，在"属性"面板中将"背景颜色"设为黑色（#090909），效果如图 12-174 所示。

图 12-173

图 12-174

（6）将光标置入第 2 行单元格，插入一个 6 行 1 列，宽为 1 000 像素的表格，并将表格设为居中对齐，如图 12-175 所示。将光标置入刚插入表格的第 1 行单元格，在"属性"面板中将"高"设为120。在该单元格中插入一个 2 行 8 列，宽为 1 000 像素的表格，如图 12-176 所示。

图 12-175

图 12-176

（7）选中图 12-177 所示的单元格，单击"属性"面板中的"合并所选单元格，使用跨度"按钮 ▭，将选中的单元格合并，效果如图 12-178 所示，在"属性"面板中将"宽"设为260。单击"插入"面板"HTML"选项卡中的"Image"按钮 ▣，在弹出的"选择图像源文件"对话框中选择本书学习资源中的"Ch12 > 素材 > 网络营销网页 > images > logo.jpg"文件，单击"确定"按钮，完成图像的插入，如图 12-179 所示。

图 12-177　　　　　　　图 12-178　　　　　　　图 12-179

（8）选中图 12-180 所示的单元格，在"属性"面板的"水平"下拉列表中选择"居中对齐"选项。

图 12-180

（9）将本书学习资源"Ch12 > 素材 > 网络营销网页 > images"文件夹中的"tb_1.png"~
"tb_7.png"文件分别插入到相应的单元格，效果如图 12-181 所示。在相应的单元格中输入文字，效果
如图 12-182 所示。

图 12-181

图 12-182

（10）选择"窗口 >CSS 设计器"命令，弹出"CSS 设计器"面板，如图 12-183 所示。单击"选择
器"选项组中的"添加选择器"按钮 ➕，在"选择器"选项组中出现文本框，输入名称".text"，按
Enter 键确认输入，如图 12-184 所示；在"属性"选项组中单击"文本"按钮 🅣，切换到文本属性，
将"color"设为黄色（#FE9B00），"font-family"设为"黑体"，"font-size"设为 14 px，如图 12-185
所示。

图 12-183

图 12-184

图 12-185

（11）选中图 12-186 所示的文字，在"属性"面板的"类"下拉列表中选择"text"选项，应用样

式，效果如图 12-187 所示。用相同的方法为其他文字应用样式，效果如图 12-188 所示。

图 12-186　　　图 12-187　　　　　　　　　　　　　图 12-188

（12）在"CSS 设计器"面板中，单击"选择器"选项组中的"添加选择器"按钮➕，在"选择器"选项组中出现文本框，输入名称".text01"，按 Enter 键确认输入，如图 12-189 所示；在"属性"选项组中单击"文本"按钮🔳，切换到文本属性，将"color"设为黄色（#FE9B00），"font-family"设为"Arial"，"font-size"设为 10 px，"line-height"设为 15 px，如图 12-190 所示。

图 12-189　　　　　　　　　图 12-190

（13）选中图 12-191 所示的文字，在"属性"面板的"类"下拉列表中选择"text01"选项，应用样式，效果如图 12-192 所示。用相同的方法为其他文字应用样式，效果如图 12-193 所示。

图 12-191　　　图 12-192　　　　　　　　　　　　　图 12-193

（14）在"CSS 设计器"面板中，单击"选择器"选项组中的"添加选择器"按钮➕，在"选择器"选项组中出现文本框，输入名称".bk"，按 Enter 键确认输入，如图 12-194 所示；在"属性"选项组中单击"边框"按钮🔳，切换到边框属性，单击"border"选项下方的"顶部"按钮🔳，如图 12-195 所示，将"width"设为 1px，"style"设为"solid"，"color"设为灰色（#CCCCCC），如图 12-196 所示。

图 12-194

图 12-195

图 12-196

（15）将光标置入主体表格的第 2 行单元格，在"属性"面板的"类"下拉列表中选择"bk"选项，在"垂直"下拉列表中选择"底部"选项，将"高"设为 389。单击"插入"面板"HTML"选项卡中的"Image"按钮 🖼，在弹出的"选择图像源文件"对话框中选择本书学习资源中的"Ch12 > 素材 > 网络营销网页 > images > jdt.png"文件，单击"确定"按钮，完成图像的插入，如图 12-197 所示。

图 12-197

2. 制作分类介绍区域

（1）将光标置入第 3 行单元格，插入一个 2 行 4 列，宽为 1 000 像素的表格。选中图 12-198 所示的单元格，在"属性"面板的"水平"下拉列表中选择"居中对齐"选项。

图 12-198

（2）将光标置入第 1 行第 1 列单元格，在"属性"面板中将"高"设为 220。将本书学习资源中的"Ch12 > 素材 > 网络营销网页 > images > lbtb_1.png"文件插入该单元格，如图 12-199 所示。用相同的方法将本书学习资源"Ch12 > 素 材 > 网络营销网页 > images"文件夹中的"lbtb_2.png""lbtb_3.png"和"lbtb_4.png"文件分别插入相应的单元格，效果如图 12-200 所示。

图 12-199

图 12-200

（3）在"CSS 设计器"面板中，单击"选择器"选项组中的"添加选择器"按钮 ＋，在"选择器"选项组中出现文本框，输入名称".text02"，按 Enter 键确认输入，如图 12-201 所示；在"属性"选项组中单击"文本"按钮 ，切换到文本属性，将"line-height"设为 25 px，如图 12-202 所示。

图 12-201　　　　　　　图 12-202

（4）选中图 12-203 所示的单元格，在"属性"面板的"垂直"下拉列表中选择"顶端"选项，在"类"下拉列表中选择"text02"选项，将"高"设为 100。在单元格中分别输入文字，效果如图 12-204 所示。

图 12-203

图 12-204

（5）将光标置入主体表格的第 4 行单元格，在"属性"面板的"类"下拉列表中选择".bk"选项，将"高"设为 150。在该单元格中插入一个 2 行 3 列，宽为 1 000 像素的表格，如图 12-205 所示。

图 12-205

（6）将光标置入第 1 行第 1 列单元格，在"属性"面板中将"宽"设为 60，"高"设为 50。将本书学习资源中的"Ch12 > 素材 > 网络营销网页 > images > zsy.png"文件插入该单元格，效果如图 12-206 所示。将光标置入第 1 行第 3 列单元格，在"属性"面板的"水平"下拉列表中选择"右对齐"选项，将"宽"设为 60。将本书学习资源中的"Ch12 > 素材 > 网络营销网页 > images > ysy.png"文件插入该单元格，效果如图 12-207 所示。

图 12-206

图 12-207

（7）将光标置入第 1 行第 2 列单元格，在单元格中输入文字，效果如图 12-208 所示。将光标置入第 2 行第 2 列单元格，在"属性"面板的"水平"下拉列表中选择"右对齐"选项。在该单元格中输入文字，效果如图 12-209 所示。

图 12-208

图 12-209

（8）选中文字"网"，如图 12-210 所示，在"属性"面板的"目标规则"下拉列表中选择"<新内联样式>"选项，将"大小"设为 16 px，效果如图 12-211 所示。

图 12-210　　　　　　图 12-211

3．制作底部效果

（1）将光标置入主体表格的第 5 行单元格，在单元格中输入文字，并将本书学习资源中的"Ch12 > 素材 > 网络营销网页 > images > line.jpg"文件插入该单元格，如图 12-212 所示。

图 12-212

（2）选中文字"合作伙伴"，如图 12-213 所示，在"属性"面板的"目标规则"下拉列表中选择"<新内联样式>"选项，在"字体粗细"下拉列表中选择"bold"选项，将"大小"设为 16 px，"高"设为 50，效果如图 12-214 所示。

图 12-213　　　　　　图 12-214

（3）将光标置入第 6 行单元格，在"属性"面板中将"高"设为 170。将本书学习资源中的"Ch12 > 素材 > 网络营销网页 > images > dt.jpg"文件插入该单元格，如图 12-215 所示。

图 12-215

（4）将光标置入主体表格的第 3 行单元格，在"属性"面板的"水平"下拉列表中选择"居中对齐"选项，将"高"设为 95，"背景颜色"设为浅灰色（#E2E2E2）。在该单元格中插入一个 1 行 2 列，宽为 900 像素的表格，如图 12-216 所示。

图 12-216

（5）将光标置入刚插入表格的第 1 列单元格，在"属性"面板的"类"下拉列表中选择"text02"选项，将"宽"设为 675。在该单元格中输入文字，如图 12-217 所示。

图 12-217

（6）将光标置入第 2 列单元格，在"属性"面板的"水平"下拉列表中选择"右对齐"选项。将本书学习资源中的"Ch12 > 素材 > 网络营销网页 > images > liaison.png"文件插入该单元格，如图 12-218 所示。

图 12-218

（7）网络营销网页制作完成，保存文档，按 F12 键，预览网页效果，如图 12-219 所示。

图 12-219

课堂练习 1——家政无忧网页

练习 1.1 项目背景及要求

1. 客户名称
家政无忧服务有限公司。

2. 客户需求
家政无忧服务有限公司是一家以日常保洁、家电清洗、干洗服务、新居开荒为主要经营项目的专业家政服务公司。公司为扩大服务范围，使服务更便捷，需要制作网站，网站要突出公司的优势，整体风格简洁大气。

3. 设计要求
（1）网页整体风格简洁大气，突出家政服务的专业性。

（2）网页的内容以家居为主，画面和谐，具有特色。

（3）向客户传达真实的服务信息内容。

（4）画面表现出空间感与层次感，图文搭配协调。

（5）设计规格为 1 400 像素（宽）×2 075 像素（高）。

练习 1.2 项目素材及要点

1. 素材资源
图片素材所在位置：本书学习资源中的"Ch12>素材>家政无忧网页>images"。

文字素材所在位置：本书学习资源中的"Ch12>素材>家政无忧网页>text.txt"。

2. 作品参考
设计作品参考效果文件所在位置：本书学习资源中的"Ch12 > 效果 > 家政无忧网页 > index.html"，效果如图 12-220 所示。

3．制作要点

使用"页面属性"命令，设置页面文字的字体、大小，页面边距及页面标题；使用"Image"按钮，为网页添加 logo 和广告图片；使用"Table"按钮，插入表格，进行页面布局；使用"CSS 设计器"面板，设置单元格的边框、背景图像及文字的大小、颜色、行距。

图 12-220

课堂练习 2——商务在线网页

练习 2.1 项目背景及要求

1．客户名称

商务在线网。

2．客户需求

商务在线网是一个提供产品查询、产品采购、产品展示等一系列贸易服务的平台，为顾客提供齐全的产品信息。由于产品增多，需要更新网站内容，要求信息齐全，符合行业特色。

3．设计要求

（1）网页内容丰富，体现产品的多样性。

（2）网页图文搭配合理，信息排列合理。

（3）色彩使用红色，体现商务在线网的热情与活力。

（4）向客户传达真实且齐全的信息内容。

（5）设计规格为 1 400 像素（宽）×1 570 像素（高）。

练习 2.2 项目素材及要点

1．素材资源

图片素材所在位置：本书学习资源中的"Ch12 > 素材 > 商务在线网页 > images"。

文字素材所在位置：本书学习资源中的"Ch12 > 素材 > 商务在线网页 > text.txt"。

2．作品参考

设计作品参考效果文件所在位置：本书学习资源中的"Ch12 > 效果 > 商务在线网页 > index.html"，效果如图 12-221 所示。

3．制作要点

使用"Table"按钮，插入表格，进行页面布局；使用"页面属性"命令，控制页面文字的字体、大小和颜色；使用"CSS 设计器"面板，设置单元格的背景图像、文字大小和行距。

图 12-221

课后习题 1——时尚风潮网页

习题 1.1　项目背景及要求

1. 客户名称
时尚风潮旗舰店。

2. 客户需求
时尚风潮旗舰店专门为广大男性提供各类服装，服装类型多样，品质有保证，拥有良好的口碑。随着网络经济的发展，需要为店铺制作网站，要求主题明确。

3. 设计要求
（1）网页背景以人物照片为主。

（2）网页要简洁，信息排列合理恰当。

（3）网页使用浅色背景，突出画面主题。

（4）整体风格时尚大气，表现男装的时尚感。

（5）设计规格为 1 350 像素（宽）×2 000 像素（高）。

习题 1.2　项目素材及要点

1. 素材资源
图片素材所在位置：本书学习资源中的"Ch12> 素材 > 时尚风潮网页 >images"。

文字素材所在位置：本书学习资源中的"Ch12> 素材 > 时尚风潮网页 >text.txt"。

2. 作品参考
设计作品参考效果文件所在位置：本书学习资源中的"Ch12 > 效果 > 时尚风潮网页 > index.html"，效果如图 12-222 所示。

3. 制作要点
使用"页面属性"命令，设置网页背景颜色及边距；使用输入代码方式设置图片与文字的对齐方式；使用"CSS 设计器"面板，设置文字大小、行距及表格边框效果。

图 12-222

课后习题 2——电子商情网页

习题 2.1　项目背景及要求

1. 客户名称
电子商情网。

2. 客户需求

电子商情网是一个汇集供应信息、求购信息、技术资料、求职信息、招聘信息等信息的服务网站。网站为了符合市场需要，需要进行改版，要求信息分类明确，页面精致美观。

3. 设计要求

（1）网页简洁大方，主体明确。

（2）网页的文字安排合理，分类明确细致，便于用户浏览和搜索。

（3）网页色彩使用红色，让人印象深刻。

（4）整体风格能够体现科技感。

（5）设计规格为 1 400 像素（宽）× 2 275 像素（高）。

习题 2.2　项目素材及要点

1. 素材资源

图片素材所在位置：本书学习资源中的"Ch12 > 素材 > 电子商情网页 > images"。

文字素材所在位置：本书学习资源中的"Ch12 > 素材 > 电子商情网页 > text.txt"。

2. 作品参考

设计作品参考效果文件所在位置：本书学习资源中的"Ch12 > 效果 > 电子商情网页 > index.html"，效果如图 12-223 所示。

图 12-223

3. 制作要点

使用"页面属性"命令，设置页面文字大小、背景颜色和边距；使用"Table"按钮，插入表格；使用"Image"按钮，插入图像；使用"CSS 设计器"面板，设置文字的颜色及大小。